Celina
del Amo

Abenteuer für Hunde

Spiel und Spaß unterwegs

90 Farbfotos

Ulmer

Inhalt

Vorwort

Nichts ist demotivierender als Langeweile – auch für Hunde! Mit wenig Aufwand können Sie den Alltag und speziell die Spaziergänge für Ihren Hund anregend und spannend gestalten. Zeigen Sie ihm, wie interessant das Leben ist! Führen Sie ihn an Neues heran, nutzen Sie die gemeinsame Zeit zur Festigung des Gehorsams oder trainieren Sie Spaßübungen!

Sie werden sehen, wie bunt und abwechslungsreich eine Hunderunde sein kann, wenn der Spaziergang im Vorfeld gedanklich schon einmal strukturiert wird. Dieses Buch bietet Ihnen dazu viele Anregungen. Wählen Sie zunächst diejenigen aus, die Ihnen für sich selbst und Ihren Hund am attraktivsten erscheinen. Versuchen Sie sich später auch an neuen Aufgabenbereichen. Vielleicht schlummert in Ihrem Hund ja ein noch unentdecktes Talent?

Celina del Amo

Vom Spaziergang zum spannenden Ausflug

„Nach dem Spaziergang ist vor dem Spaziergang.“ Mit dieser sportlichen Grundeinstellung fiebern die meisten Hunde dem nächsten Gassigang entgegen. Wenn man anstrebt, den Hund auf den Spaziergängen wirklich **auszulasten** und **zu beschäftigen**, sollte die Hunderunde inhaltlich angereichert werden. Mit einem Minimum an Planungsarbeit kann man maximale Abwechslung in den Hundealltag bringen.

Aber das ist noch nicht alles. Wenn ein normaler Spaziergang in einen Abenteuerspaziergang umgewandelt wird, erreicht man auch einen Zugewinn an geistiger und körperlicher **Fitness** des Hundes, stärkt die familiäre **Bindung** und schult gleichzeitig den **Gehorsam**. Sie werden sehen, wie viel Spaß die Umstellungen auch Ihnen bereiten. Und keine Sorge: Die Veränderungen sind im Detail betrachtet wirklich minimal!

Die Effektivität eines gut strukturierten „Gassiplans“ ist – neben dem Aspekt, ein echter Langeweile-Killer zu sein – auch aus einem anderen Blickwinkel betrachtet gerade für uns Menschen sehr interessant. Denn natürlich kennt man auch als Hundehalter Momente, in denen weniger Zeit als üblich für den Hund bleibt. In solchen Augenblicken sollten Sie „zaubern“ und mit ein paar Tricks und Kniffen auch die einfache Runde um den Block zu einem **interessanten Ausflug** werden lassen. Ähnliches gilt auch für besondere Situationen, zum Beispiel bei Krankheit oder hohem Alter des Hausgenossen.

Wenn etwas mehr Zeit ist, können Sie Ihrem Hund aber auch einfach mit tollen Unternehmungen eine große Freude machen. Sie werden sehen, dass viele der Ausflugsideen auch in Ihrer Nähe umzusetzen sind. Der Aufwand kann also häufig gering gehalten werden. Gute Ortskenntnisse sind die einzige Voraussetzung.

Sie sehen: Einschränkungen gibt es keine. Ein entsprechendes **Beschäftigungsprogramm** ist für Jung und Alt und für jede Haltungsbedingung gleichermaßen gut geeignet.

Oftmals ist es sogar so, dass gerade die älteren Tiere regelrecht aufblühen, wenn man sie mit derartigen Anregungen konfrontiert. Der schnöde Alltagstrott kann die Begeisterungsfähigkeit eines Hundes regelrecht lähmen. Erwecken Sie die **Arbeitsfreude** Ihres Hundes wieder und seine **Motivation**, gemeinsam mit Ihnen als Team durchs Leben zu gehen! Erleben Sie gemeinsam die Abenteuer, die ein Spaziergang bieten kann!

Wahrscheinlich lesen Sie dieses Buch, weil Sie Ihrem Hund ein interessantes Leben bieten möchten. Tatsächlich bieten Übungen und Aufgaben während der Gassigänge dazu täglich Gelegenheit. Aber wie fast

Eine Autorampe erleichtert älteren Hunden den Ein- und Ausstieg.

überall gilt auch hier: **Gute Planung** ist das halbe Leben! Darum gibt es einiges zu bedenken, bevor Sie ins gemeinsame Training einsteigen.

Kleine Schritte
Achten Sie darauf, Ihrem Hund in so kleinen Schritten zu vermitteln, was Sie von Ihm möchten, dass er stets ohne Schwierigkeiten mithalten kann. Vermeiden Sie Druck und schlechte Laune. Bedenken Sie, dass vermutlich auch Ihnen neue Herausforderungen nicht immer auf Anhieb in Idealform gelingen, verlangen Sie also auch von Ihrem Hund nichts Unmögliches!

Motivation – die Kunst, Hunde zu führen

Im Training – sei es nur zum Spaß oder für eine echte Arbeitsleistung – möchten Sie Ihren Hund dazu bewegen, mit Ihnen gemeinsam beziehungsweise für Sie die Dinge umzusetzen, die Sie als Ziele ausgewählt haben. Hierfür ist es erforderlich, den Hund zu motivieren. Dies gelingt leicht, wenn er weiß oder lernt, dass er in der gemeinsamen Arbeit mit Ihnen einen **Erfolg** erreichen kann.

Die Kernpunkte der Erfolge für einen Hund sind schnell zusammengefasst: Er möchte sein Überleben sichern. Das kann er erreichen, wenn er genug **Nahrung** bekommt. Futter ist daher ein wirksamer positiver Verstärker und gleichzeitig Motivationsmittel, wenn es nicht im Überfluss zur Verfügung steht.

Aber auch andere Faktoren sind für sein Wohlbefinden wichtig: Ein Hund möchte **sich sicher fühlen**. Dies kann man beeinflussen, indem man ihn souverän führt und nicht unter Druck setzt. Versuchen Sie also die Rolle des „Rudelführers" auszufüllen und Ihren Hund gerecht und vorausschauend zu leiten.

Lassen Sie ihn auch seine eigenen Ideen einbringen, denn erst, wenn dem Hund ein **eigener Gestaltungsspielraum** eingeräumt wird, kann er seine volle Leistung entfalten. Als Rudelführer geben Sie vor, welchen Weg er einschlagen soll, um einen Erfolg zu erreichen. Über Denksportaufgaben, sei es mit dem Clicker als frei geformte Übungen oder als Selbstkontrolleübungen umgesetzt, können Sie ganz entscheidend die Arbeitsmotivation Ihres Hundes beeinflussen.

Tipp
Motivationsmittel (und Belohnungen) haben immer dann eine besonders positive Wirkung, wenn sie aus Sicht des Hundes wertvoll sind und nicht dauernd zur Verfügung stehen.

Der Einsatz von Futter als Belohnung

Wenn Ihnen der Einsatz von Futter zur Belohnung widerstrebt oder seltsam vorkommt, bedenken Sie Folgendes: Futter ist ein sogenannter Primärverstärker. Das bedeutet, Futter ist an sich ein positiver Anreiz, der zum Überleben erforderlich ist (Gleiches gilt übrigens auch für Menschen!) – der Hund ist also davon abhängig.

Normalerweise würde ein Hund jagen, um sich seine Nahrung zu beschaffen. Das wäre eine geistig und körperlich anstrengende, aber auch sehr anregende Angelegenheit. Wir verwehren unseren Hunden dies in aller Regel. Stattdessen füttern wir sie – und kämpfen gegen die alltägliche Langeweile. Eigentlich absurd ...

Binden Sie die Nahrung wieder stärker als **Anreiz** in den Alltag ein. Gehen Sie – bildlich gesprochen – gemeinsam jagen und präsentieren Sie Ihrem Hund sein **Futter als „Jagdbeute"**. Sie sind in diesem Modell der Jagdanführer, denn Sie steuern, wann er sich welche Beute erarbeiten kann beziehungsweise verdient hat.

Ein Futtertäschchen kann im Training vielfältig eingesetzt werden.

Profi-Tipp
Setzen Sie die Mahlzeiten (oder zumindest einen Teil der Tagesration) als Belohnung ein. Auf diese Weise halten Sie Ihren Hund unter einer positiven Spannung und nutzen im Training beziehungsweise in den alltäglichen Situationen, die es zu meistern gilt, die höhere Eigenmotivation des Hundes, mit Ihnen zu kooperieren.

Diese Begründung reicht Ihnen nicht? Dann betrachten Sie das **Futter als Lohn**. Oder arbeiten Sie selbst aus bloßer Lust an der Freude? Bezahlen Sie Ihren Hund mit „Futtertalern", wenn er seinen Job gut erledigt hat. Für besonders gute Arbeit können Sie sogar einen Bonus einsetzen.

Sie glauben, Futter als Belohnung fruchtet nicht, weil ihr Hund draußen nichts annimmt oder insgesamt ein mäkeliger Fresser ist? Gehen wir in diesem Fall den möglichen Ursachen auf den Grund: **Stress** könnte eine davon sein, denn unter Stress ist Fressen kaum beziehungsweise nicht mehr möglich. Schrauben Sie dann das Maß an Ablenkungen zurück und trainieren Sie mit Ihrem Hund gleichzeitig Entspannungsübungen. Wenn **Angst** ein Beweggrund ist, sollten verhaltenstherapeutische Übungen zum Angstabbau in den Vordergrund gestellt werden.

Der Hund **frisst mäkelig** und ist daher nicht zu motivieren, für Futter zu arbeiten? Wenn kein klinischer Grund zu finden ist (Zahnschmerzen, Übelkeit, Verdauungsprobleme), ist dies nur eine Momentaufnahme. Lassen Sie Ihren Vierbeiner einige Zeit links liegen. Präsentieren Sie ihm dann attraktives Futter, loben Sie ihn leise, wenn er frisst, und nehmen Sie ihm das Futter noch während des Fressens weg. Lassen Sie ihn dann eine ganz einfache Übung machen und stecken Sie ihm ein weiteres Stückchen zu. Wenden Sie sich danach ab, verstauen Sie den Rest des Futters und lassen Sie ihn schmachten. Schenken Sie ihm erst im nächsten dieser „**Fresserziehungs**"-Durchgänge Beachtung. Sie werden sehen, dass sich nach einigen Tagen (der Hund darf absolut nichts außer der Reihe bekommen!) sein Fressverhalten und seine allgemeine Arbeitsmoral gewandelt haben!

Auch die auf Seite 50 beschriebene Selbstkontrolleübung ist für die mäkeligen Kandidaten eine tolle Sache, um auf freiwilliger Basis ihre Grundeinstellung zu ändern. Befreien Sie sich von den Sorgen, die Ihnen Ihr Hund bereitet, wenn er scheinbar nicht genug frisst. Verfahren Sie mit ihm nach der altbackenen Grundregel: Es wird gegessen, was auf den Tisch kommt. Machen Sie ihm erst wieder Zugeständnisse, wenn er seinen Teil dazu beigetragen hat.

Grundsätzlich führt **Futter als Zahlungsmittel** zu einer hohen Arbeitsmotivation. Insbesondere, wenn Ihr Hund merkt, dass die häusliche Mahlzeit durch diese Umstellung dünn oder ganz ausfällt, wird er mit Begeisterung Ihre Arbeitsaufträge erledigen. Bedenken Sie, dass reine Freizeit auf dem Spaziergang für Ihren Hund wesentlich weniger attraktiv ist, als mit Ihnen gemeinsam etwas zu unternehmen! Auch ein „alter Hase", der schon viele Übungen beherrscht, freut sich, wenn er selbst für einfache Dinge eine Belohnung erhält.

Seien Sie bei der Verteilung der Belohnung aber ruhig streng. Staffeln Sie die **Belohnungsqualität** in Abhängigkeit vom Schwierigkeitsgrad der Anforderung. Ein junger Hund und Trainingsanfänger sollte seinem Können entsprechend vor allem in schwierigen Situationen eine wirklich attraktive Belohnung und gegebenenfalls anfänglich auch Hilfestellung in Form von Locken von Ihnen erhalten. Bei fortgeschrittenen Vierbeinern hingegen kann die Qualitätsbelohnung der Bestleistung vorbehalten sein.

Bedenken Sie: Wenn auch „halbseidene" Leistung üppig entlohnt wird, schleichen sich schnell Fehler ein. **Hunde sind Ökonomen**. Sie versuchen stets mit dem geringsten Aufwand den größten Erfolg zu erhalten.

Profi-Tipp

Eine einzelne Belohnung sollte den Hund nicht satt machen. Setzen Sie kleine, aber schmackhafte Häppchen als Belohnung ein. Ziel ist es, dem Hund mit der Belohnung eine Freude zu machen. Die Belohnung sollte also „ehrlich" gemeint sein. Erzielen Sie bei Ihrem Hund wirklich das Gefühl von Freude? Oder geben Sie ihm nur „weil es sich so gehört" ein Futterstückchen? Überprüfen Sie Ihre Belohnungen in Bezug auf diesen Punkt und nehmen Sie, falls nötig, Veränderungen vor. Stellen Sie aus Sicht Ihres Hundes eine Hitliste von Belohnungen je nach ihrer Wertigkeit zusammen. Passen Sie die Belohnung dann der Leistung an.

Teamarbeit ist Trumpf

Sind Sie überzeugt, dass noch viele **unentdeckte Talente** in Ihrem Hund schlummern? Wecken Sie sie – und wachsen Sie „ganz nebenbei" mit ihm zu einem Superteam zusammen!

Nutzen Sie die Übungsvorschläge in diesem Buch dabei als mögliche Varianten, aber haben Sie auch Mut, eigene Ideen auszuprobieren. Schließlich kennen Sie Ihren Begleiter auf vier Pfoten am besten! Wenn Sie stets geduldig üben, **hundegerechte „Erklärungen"** bieten, den Trainingsplan gut strukturieren und schrittweise aufbauen sowie Ungeduld, Hektik, Strafe und Druck vermeiden, werden Sie und Ihr Vierbeiner viel Freude haben!

Tipp
Das sollten Sie beim Training mitbringen:
- Geduld
- souveräne Führung
- hundegerechte Anweisungen
- schrittweisen gut strukturierten Trainingsaufbau

Das sollten Sie beim Training vermeiden:
- Ungeduld
- Hektik und Stress
- Strafe

Gleichzeitig dürfen Sie aber reinen Herzens dasselbe Maß an Zurückhaltung und „Höflichkeit" von Ihrem Trainingspartner verlangen! Vermitteln Sie Ihrem Hund, dass Sie ihm nur dann Anerkennung entgegenbringen, wenn er sich gesittet benimmt.

Dies gilt auch oder vor allem in Situationen, in denen er vielleicht zu einer **gesteigerten Erregungslage** tendiert. Schnell benehmen sich Hunde dann unhöflich. Ein typisches Beispiel wäre das gierige Nehmen von Leckerchen oder Schnappen nach einem Spielzeug, das Sie gerade halten. Bleiben Sie in solchen Momenten – ohne Ihren Hund zu ermahnen – schlicht nur **standhaft** und verweigern Sie ihm, wenn er sich nicht selbst bremst, das, was er gerade möchte. Sturheit siegt!

Schnell wird Ihr Hund bemerken, dass er mit Höflichkeit besser durchs Leben kommt. Bedenken Sie: Sowohl Zugeständnisse als auch eine mögliche Kontrolle mittels Kommandos (PFUI oder AUS) sind in diesen Punkten aus zwei Gründen unangebracht: Erstens können Sie diese Kommandos erst benutzen, wenn der Hund den Fehler bereits begangen und somit auch „geübt" hat, und zweitens erlangt er durch diese Korrektur auch noch Ihre Aufmerksamkeit. Feilen Sie über Selbstkontrolleübungen an einer **höflichen und freundlichen Umgangsform** Ihres Hundes Ihnen (und anderen Menschen) gegenüber und bringen Sie ihn so zu einer entspannten Grundhaltung. Ab Seite 47 finden Sie Übungsbeispiele für ganz verschiedene Bereiche.

Mit Spaß bei der Sache

Wenn das Training über **positive Verstärkung** aufgebaut wird, das heißt, frei von Druck und Strafe, sind Hunde begeisterte Schüler und wirklich für jeden Spaß zu haben. In der Hundeerziehung haben „normale Gehorsamsübungen" dennoch manchmal einen faden Beigeschmack. Das muss aber keineswegs so sein!

Tipp
Setzen Sie bei neuen oder sehr schwierigen Herausforderungen Qualitätsbelohnungen ein. Stellen Sie später auf eine qualitative Staffelung der Belohnung um, denn so können Sie Bestleistungen stärker hervorheben. Seien Sie in puncto Belohnung vor allem mit einem Trainingsanfänger nicht zu geizig. Sicherlich möchten auch Sie für gute Arbeit ein ordentliches Gehalt bekommen, oder? Es ist kein Geheimnis, dass Hunde in diesem Punkt dem Menschen sehr ähnlich sind.

Ob Ihr Hund mit viel oder wenig Freude bei der Sache ist, hängt weniger von dem Arbeitsauftrag als vielmehr von der Art und Weise ab, wie Sie ihm die Übungen präsentieren beziehungsweise abverlangen. Wenn Ihr Vierbeiner sicher weiß, dass er für gute Leistung Ihre Anerkennung und gegebenenfalls auch eine „echte" Belohnung bekommen kann, wird die Umsetzung der Übung für ihn zu einem **attraktiven Job**. Sie haben also hunde(rt)prozentigen Handlungsspielraum, welche Übungen (Jobs) Sie von Ihrem Hund verlangen.

Profi-Tipp
Das Grundgerüst eines Übungsaufbaus
- Auswahl der Übung
- Auswahl der Technik (mit oder ohne Hilfsmittel, Locken oder eigenständiges Denken)
- Heranführung an die Übung
- Belohnung kleinster Einzelschritte
- Aufbau einer stabilen Leistung, Einführung eines Signals
- Training der Übung unter immer stärkerer Ablenkung (Generalisierungstraining, siehe auch Seite 102)
- Abbau etwaiger Hilfsmittel

Der Clicker als Trainingshilfsmittel

Ist Ihnen der Clicker als Trainingshilfsmittel schon vertraut? Falls nicht, rate ich Ihnen, sich einen Clicker zu besorgen und seine Vorzüge direkt im Training zu erleben. Als Marker einsetzbar ist der Clicker, sobald die **Grundkonditionierung** (siehe Seite 12) erfolgt ist. Beim Training gilt es nun, immer genau in dem Moment zu clicken, in dem der Hund die Übung beziehungsweise ein spezielles Übungsdetail, an dem Sie gerade arbeiten, besonders gut gezeigt hat.

Durch das Clickgeräusch versprechen Sie ihm (wie in der Konditionierungsübung beschrieben) eine Belohnung. Diese lassen Sie ihm auch zukommen, jedoch haben Sie sich durch den Zwischenschritt Clicker von den engen Fesseln eines **perfekten Timings** des Primärverstärkers befreit. Über den Clicker haben Sie sich also **effektiv** Zeit für die Verteilung der echten Belohnung erkauft.

Sie werden sehen, um wie viel einfacher es ist, ein gutes Timing beim Clicken zu haben als ein gutes Timing bei der realen Verteilung der Belohnung! Der Hund lernt durch mehr Präzision auf Ihrer Seite außerdem

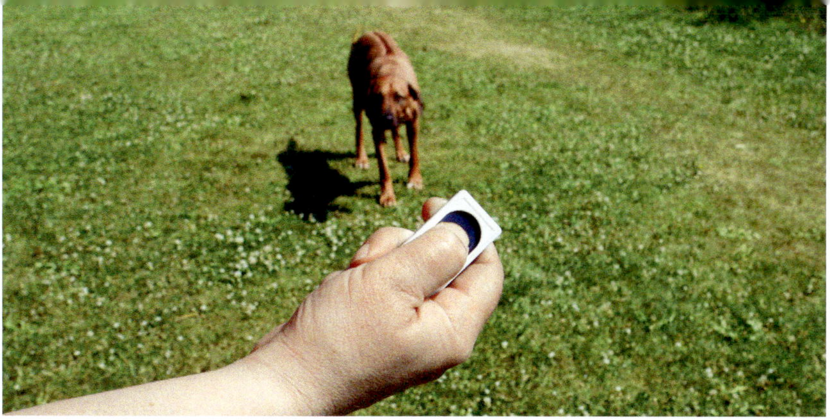

Der Clicker ist das optimale Hilfsmittel für ein gutes Belohnungstiming.

schneller die gewünschte Leistung. Training mit dem Clicker ist besonders effektiv. Vielleicht haben Sie ja bald schon Lust, sich auch in die Feinheiten des Clickerns einzuarbeiten? Mittlerweile gibt es hierzu jede Menge anregende Literatur (siehe Seite 121).

Die meisten Übungen in diesem Buch können mit und ohne Clicker umgesetzt werden. Das freie Formen bleibt allerdings ausschließlich den „geclickerten" Hunden vorbehalten.

Profi-Tipp
Nutzen Sie im Training möglichst häufig die Vorzüge des Clickers. Oftmals ist es sogar sinnvoll, wenn eine Hilfsperson, die einen neutralen Blick auf Sie und Ihren Hund hat, das Clicken übernimmt, da man von außen leichter auch kleine Tendenzen des Hundes sehen kann, die zum Erlernen der Aufgabe zielführend sein können.

Freies Formen

Über das freie Formen kann man dem Hund jedes nur erdenkliche Übungsdetail (Positionen, Haltungen oder komplexe Handlungen) beibringen. Diese Übungen werden mit dem Clicker umgesetzt, da hierfür ein **extrem präzises** Timing erforderlich ist.

Die Übungen laufen immer **nach dem gleichen Muster** ab: Zunächst setzt man sich ein Trainingsziel und strukturiert für sich selbst gedanklich schon einmal grob den Übungsablauf. Dann darf der Hund loslegen. Über das Prinzip **Versuch und Irrtum** (ähnlich dem Kinderspiel: „heiß oder kalt") soll er selbst herausfinden, was zu tun ist. Jede kleinste Regung, die den Hund näher an das Endziel heranbringt, wird nun mit einem Click markiert und mit einem nachfolgenden Leckerchen belohnt. Dies bringt ihn nach und nach auf die heiße Spur bis zu seinem Enderfolg.

Je häufiger man clickt, das heißt, je genauer man beobachtet und wirklich auch kleinste **Verbesserungen** erkennt und verstärkt, desto mehr Freude hat der Hund in der Übung, da Frust auf diese Weise effektiv vermieden wird. Nebenbei erreicht er so auch das Übungsziel schneller.

Bedenken Sie: Immer dann, wenn nicht geclickt wird, schwingt für den

Profi-Tipp

Beispiele für Aufgaben durch freies Formen, die überall umgesetzt werden können, da kein Material erforderlich ist, sind Bewegungen oder Körperpositionen:

- flach auf der Seite liegen
- auf drei Beinen stehen
- „Ja"-sagen (Kopfnicken)
- „Nein"-sagen (Kopfschütteln)
- sich nach rechts oder links um sich selbst drehen

Beispiele, die auch über einen anderen Trainingsaufbau als das freie Formen trainiert werden können und im folgenden Kapitel beschrieben sind:

- die „Taschentuch-Übung" (Seite 56)
- Koordinationsübungen (Seite 78)
- einen Gegenstand aufheben (Seite 63)
- in eine Waschwanne steigen (Seite 67)

Hund ebenfalls eine Information mit, nämlich die, dass er nicht auf dem richtigen Weg ist. Schulen Sie sich selbst also in **schneller Beobachtungsgabe** und setzen Sie häufig genug Clicks, um den Übungsfluss Ihres Hundes nicht zu unterbrechen.

In einem Abenteuerspaziergang frei geformte Übungen umzusetzen, dient der geistigen Auslastung. Das freie Formen ist **Kopfarbeit in Reinform** und daher sehr anstrengend. Halten Sie die einzelnen Übungseinheiten daher kurz und wählen Sie eine ablenkungsarme Umgebung, damit sich Ihr Hund gut konzentrieren kann.

Die Konditionierung auf den „Click"

Um den Clicker als positiven Sekundärverstärker, also in diesem Fall als „Belohnungsindikator" oder Marker einzusetzen, muss der Hund eine **Verknüpfung** zwischen dem Clickgeräusch und einer attraktiven Belohnung hergestellt haben. Dies zu erreichen, ist denkbar einfach. Legen Sie sich eine Anzahl von zehn bis 20 kleinen schmackhaften Leckerchen zur Seite und geben Sie dem Hund immer eines der Stückchen ab, nachdem Sie geclickt haben.

Lassen Sie anfangs zwischen Click und der Belohnung nicht mehr als eine Sekunde Zeit verstreichen. Bauen Sie nach dem zehnten Leckerchen dann eine geringfügige **Zeitverzögerung** von etwa zwei bis drei Sekunden ein. Nun ist der Clicker als Marker in den Übungen einsatzbereit.

„Arbeit" oder „Freizeit"?

Genau zu wissen, ob Freizeit oder eine gemeinsame Übung angesagt ist, dient für den Hund der Entspannung und der Minimierung von belastendem Stress. Vor allem, wenn Sie auch auf dem Spaziergang immer wieder einmal Übungen einstreuen, ist es wichtig, dass Ihr Hund stets gut **unterscheiden** kann, wann seine „Arbeitszeit" ist und wann er „Freizeit" hat, die er nach Belieben zum Toben oder Schnüffeln nutzen kann. Andernfalls können gerade die arbeitsfreudigen und leicht zu motivierenden Tiere kaum noch entspannen! Sie lauern dann immer nach Ihrer Aufmerksamkeit, um bloß keinen Auftrag zu verpassen. Dieser Zustand ist für ihren Hund sehr stressintensiv und daher ungesund.

Führen Sie Ihrem Hund zuliebe klare Ansagen in Form eines Freizeit- und eines Arbeitssignals ein. Dies umzusetzen kostet keine Mühe.

Das Arbeitssignal: Benutzen Sie Ihr Arbeitssignal (zum Beispiel „Übung“) immer, bevor Sie mit dem Hund eine Übung starten. Das Signal selbst hat für den Hund keine weitere Bedeutung als die, dass Sie nun Aufmerksamkeit von ihm verlangen. Er muss keine spezielle Handlung ausführen.

Schnell wird er merken, dass nach dem Signalwort für ihn immer ein gemeinsamer Job mit Ihnen auf dem Plan steht. Da das Üben dem Hund Freude macht, lernt er schnell, dass es nach dem Signal etwas Schönes für ihn zu erledigen gibt. Anfänglich kann man als I-Tüpfelchen auch seinen Blickkontakt belohnen, an dem man seine Aufmerksamkeit gut ablesen kann. Später ist dies kaum noch nötig.

Das Freizeitsignal: Beenden Sie jede gemeinsame Aktivität konsequent mit einem Freizeitsignal (zum Beispiel „Fertig“) und starten Sie den nächsten Trainingsdurchgang mit dem Hundenamen und dem Arbeitskommando. Achten Sie in Phasen der Freizeit Ihres Hundes strikt darauf, ihm keine Aufmerksamkeit zu schenken. Auch dann nicht, wenn er sich von sich aus zur Arbeit anbietet.

Strebertum ist nicht gefragt! Ihr Hund soll lernen, die Freizeit für sich zu nutzen. Er soll keinen Job erledi-

Ein Spaziergang macht bei einer gesunden Mischung von Freizeit und Übungen am meisten Spaß.

Draußen Freunde zu treffen ist für Hund und Halter gleichermaßen schön.

gen, sondern entspannen und seinen „Hundeangelegenheiten" nachgehen. Lassen Sie sich von einem „Workaholic" nicht um den Finger wickeln, denn abgesehen vom Stresszuwachs würden Sie Aufmerksamkeit heischendem Verhalten Vorschub leisten. (Bitte lesen Sie dazu auch den Kasten auf Seite 16.)

Der richtige Führungsstil

Als Hundehalter und Übungsleiter steuern Sie ganz eigenverantwortlich, wann und wie lange geübt wird. Achten Sie hierbei auf eine ausgewogene Mischung zwischen Freizeit und gemeinsamen Übungen. Nutzen Sie vor allem Momente einer **gelösten Grundstimmung** Ihres Hundes für das Training, denn dann ist die Lernausbeute am größten.

Weniger ist mehr
Halten Sie die einzelnen Übungsdurchgänge – nach dem Motto „weniger ist mehr" – kurz und streben Sie inhaltlich stets nur ein kleines Ziel an. Auf diese Weise können Sie dieses immer in guter Arbeitsmotivation erreichen. Keine Sorge: Auch wenn stets nur kurz gearbeitet und pro Einzelübung vom Hund nur eine geringe Leistungssteigerung verlangt wird, gelingt es schnell, zu einem tollen Gesamtabschluss zu kommen. Denn Stress, Misserfolge und Trainingsumwege werden so effektiv vermieden.

Gleiches gilt aber auch für Sie selbst. Vermeiden Sie Training, wenn Sie selbst gestresst und angespannt sind. Denn die Übungen sollen beiden Seiten **Spaß machen**. In Stressmomenten ist man selbst kein guter Lehrmeister.

Hunde brauchen Sicherheit

Nicht selten werden Hunde im Alltag unterfordert und/oder leiden unter einer gewissen E**rwartungsunsicherheit**. Ihr Tagesablauf schwankt mitunter zwischen Langeweile und Aufregung. Dies kann durch die Aufstellung und Einhaltung bestimmter Regeln vermieden werden.

Bemühen Sie sich Ihrem Hund zuliebe, die **Chefrolle** zu übernehmen und auszufüllen. Ihr Hund hat dann weniger Belastung im Alltag, denn er kann sich in schwierigen Situationen leicht an Ihnen orientieren. Ein rein „freundschaftliches Verhältnis" hingegen bringt dies nicht.

Für einen freundlich-souveränen und hundetauglichen **Führungsstil** sind die ab Seite 47 vorgestellten Selbstkontrolleübungen besonders gut geeignet. Aber auch die Umsetzung einiger klassischer Rangordnungsregeln (siehe Kasten) erfüllt diesen Zweck. Selbstverständlich sind diese allesamt ohne körperliche Strafen umzusetzen! Schlichtes Ignorieren des unerwünschten Verhaltens ist hier angesagt!

Beleuchten Sie das Miteinander mit Ihrem Hund **(selbst)kritisch**. Finden Sie Punkte, an denen Sie einhaken könnten? Werden Sie dann im Sinne einer konsequenten Grundhaltung strenger. Den Erfolg werden Sie umgehend ernten: Ihr Hund wird Ihnen mit noch mehr Begeisterung zur Seite stehen!

Die klassischen Rangordnungsregeln:

- Als Chef bestimmen Sie, wann was getan wird. Schenken Sie Ihrem Hund daher keine Aufmerksamkeit, wenn, beziehungsweise nur, weil er Sie dazu auffordert.
- Im Umkehrschluss können Sie Ihren Hund in beliebigen Momenten zu einer gemeinsamen Aktivität aufrufen. Sollte er sich nicht sofort darauf einlassen, brauchen Sie sich nicht zu ärgern. Lassen Sie ihn stattdessen einige Zeit lang ohne jede Form der Zuwendung „schmoren". Geben Sie ihm erst, wenn Sie ihn für eine seinerseits gestellte „Frage" nach Aktivität abblitzen lassen konnten, eine zweite Chance. Ihr Hund lernt so, umgehend auf Ihre Angebote oder Forderungen einzugehen.
- Beenden Sie angenehme Kontakte (Spiele, Übungen oder auch Kuscheln), bevor Ihr Hund die Lust verliert! Das „Aufhören, wenn's am schönsten ist", ist die entscheidende Maßnahme, um den Hund regelrecht süchtig nach mehr zu machen.
- Behalten Sie stets die Nerven, auch wenn Ihr Hund sich schlecht benimmt. Um vom Hund wirklich als Führungspersönlichkeit anerkannt zu werden ist es sinnvoller, unerwünschtes Verhalten über Management-Maßnahmen zu verhindern, statt mit dem Hund zu streiten oder ihn zu bestrafen.

Ohne Grundgehorsam geht's nicht

Brav und folgsam zu sein, muss für den Hund keine Last darstellen. Je nachdem, wie Sie ihm Gehorsamsübungen abverlangen, können die gängigen Grundkommandos dem Hund wirklich Spaß bereiten. Richten Sie die Übungen am besten so aus, dass Ihr vierbeiniger Partner ein **attraktives Ziel** (tolle Belohnungen, Ihre Anerkennung oder auch die Erlaubnis, seinen Hobbys nachzugehen) erreichen kann.

Wichtig!
Streng genommen ist die Übung „Blickkontakt ohne Kommando" eine Aufmerksamkeit heischende Geste, wenn man sie als spontan gezeigte Handlung verstärkt. Entgegen der sonst gültigen Regel, Aufmerksamkeit heischendes Verhalten zu ignorieren und den Hund nur nach Aufforderung (Arbeitssignal) zu beschäftigen (siehe Seite 14), möchte man hier zur Bindungsstärkung das Verhalten absichtlich ausbauen. Wichtig, um unerwünschtes „Sich-dauernd-Anbieten" zu verhindern, ist allerdings, den Hund möglichst umgehend zu belohnen und danach wieder in die Freizeit zu entlassen, denn schließlich ist sein „Job" auch schon mit einem einfachen Blick beendet. Ein längerer Blickkontakt ist hier nicht das Trainingsziel!

Im Alltag können viele Situationen leichter gemeistert werden, wenn Sie Ihrem Hund klare Ansagen machen können – und er diese sicher befolgt. Natürlich gelingt das nur, wenn Sie ihm vorher eine gewisse Anzahl an Grundübungen vermittelt haben.

Bedenken Sie, dass es außerdem für Ihren Hund angenehmer ist, von vornherein zu erfahren, was Sie von ihm erwarten, statt für gezeigtes Verhalten, mit dem Sie nicht einverstanden sind, korrigiert zu werden.

Indem Sie auf dem gemeinsamen Spaziergang **spielerisch** immer wieder ein paar Grundübungen einstreuen, schulen Sie den Gehorsam Ihres Hundes ohne Mühe oder zusätzliche Zeitinvestition in kurzer Zeit. Fangen Sie gleich damit an! Auf den folgenden Seiten finden Sie jede Menge Trainingsanregungen für den Auf- und Ausbau eines soliden Grundgehorsams.

Konzentration: Grundstein für Erfolg

Im Training, aber auch in alltäglichen Situationen, ist es wesentlich einfacher, den Hund zu führen, wenn er leicht ansprechbar oder gegebenenfalls sogar von sich aus bereits im Vorfeld auf Sie konzentriert ist. **Konzentrationsfähigkeit** ist eine erlernbare Größe.

Dieser Hund weiß schon, dass er für die Kontaktaufnahme über den Blick eine Belohnung erhält.

Starten Sie mit einfachen Konzentrationsübungen, in denen Sie zunächst nur den Blickkontakt in den Vordergrund stellen. Binden Sie später beliebige Selbstkontrolleübungen (siehe Seite 47 ff) mit in das Konzentrationstraining ein. Im Folgenden einige Vorschläge für leicht umsetzbare Übungen.

Erster Schritt: Blickkontakt

Die Übung zum Blickkontakt kann in zwei Grundformen trainiert werden, nämlich ohne oder mit Kommando. Beide Übungen sind sehr gut geeignet, um die Bindung und somit den Teamgeist zu stärken.

Wenn ohne Kommando trainiert wird, bedeutet das für den Hund, **dass er auf absolut freiwilliger Basis** reagiert. Dies ist auch Sinn und Zweck dieser Übung: Ihr Vierbeiner soll lernen, wie günstig es für ihn ist, sich oft nach Ihnen umzuschauen und sich generell an Ihnen zu orientieren. Machen Sie es Ihrem Hund mit dieser Übung zur Aufgabe, auf dem Spaziergang selbstständig nach Ihnen zu schauen.

Auf Dauer werden Sie so leichteres Spiel haben, denn Sie entwickeln sich vom „Kontrolleur" Ihres Hundes zu einem **echten Teamleiter**. Lassen Sie ihn also nicht wissen, dass Sie ihn trotzdem im Stillen weiter im Auge behalten ...

Diese Art der subtilen und kaum merkbaren Führung unterstreicht Ihre souveräne Grundhaltung. Gleichzeitig vermitteln Sie Ihrem Hund durch diese

Übung das wertvolle Gefühl von **Eigenständigkeit**. Sich selbst mit Ideen einbringen zu dürfen, ist für das Tier eine wichtige Erfahrung in einer ausgewogenen Teamarbeit, in der beide Parteien **Rechte, aber auch Pflichten** haben. Ihr Hund kann in dieser Übung seinen Erfolg selbst steuern.

Übungsaufbau: Halten Sie den Hund in der ersten Trainingsphase an der Leine und schränken Sie mit ihr seinen Handlungsspielraum auf etwa einen Meter Radius ein. Bleiben Sie nun kommentarlos stehen und beobachten Sie ihn aus den Augenwinkeln. Warten Sie geduldig so lange, bis er Blickkontakt zu Ihnen aufnimmt. Und belohnen Sie ihn noch während des Blickkontakts mit einem schmackhaften Leckerchen oder bestätigen Sie sein Tun mit einem Click und nachfolgendem Leckerchen.

Achtung: Ihr Hund muss Ihnen in dieser Übung zunächst nicht in die Augen gucken! Ein Blick, mit dem er sich deutlich an Ihnen orientiert, reicht. Alles ab Gürtel aufwärts ist im ersten Lernschritt eine Belohnung wert. Bedenken Sie, dass Hunde für einen direkten Augenkontakt gute Nerven brauchen. Verlangen Sie also anfangs (und im Speziellen von einem schüchternen Tier) nicht zu viel!

Machen Sie sich klar, dass Sie anfangs einen **Zufall belohnen**. Haben Sie also Geduld. Der Hund wird durch die ergatterte Belohnung in der Zukunft immer schneller geneigt sein, dieselbe Handlung wieder zu zeigen. Und genau dies ist das Lernprinzip! Manipulieren Sie also Ihren Hund nicht, lassen Sie ihn **selbstständig agieren** und die Lösung selbst herausfinden. Das bedeutet auch, dass Sie ihm in dieser Übung keinerlei Hilfestellung geben (etwa den Namen zu sagen, zu rascheln, zu schnalzen ...).

Click = Timing
Um ein gutes Timing einzuhalten, ist in der Übungsvariante für Fortgeschrittene der Clicker das perfekte Hilfsmittel. Der Hund bekommt durch den Click während des Blickkontakts von Ihnen seine Belohnung fest versprochen. Über diese Vorab-Information an Ihren Hund haben Sie mehr zeitlichen Spielraum für die Übergabe des Belohnungsleckerchens, zum Beispiel, wenn er etwas weiter entfernt von Ihnen ist.

Gehen Sie erst dann weiter, wenn die Aufgabe gelungen ist. Das kann Zeit kosten, denn Ihr Hund kann ja zunächst nicht wissen, was Sie sich als Ziel vorstellen. Wiederholen Sie diese Übung auf einer Spazierrunde **an mehreren verschiedenen Orten**, achten Sie aber bei einem Trainingsanfänger darauf, dass dabei die Ablenkung aus der Umgebung nicht zu groß ist, um nicht zu lange auf einen Erfolg warten zu müssen.

Für Fortgeschrittene: Die Übung „Angucken ohne Kommando" kann auch mit dem nicht-angeleinten Hund und in der Bewegung ausgeführt werden. Dies erfordert jedoch vom Vierbeiner schon ein gewisses Geschick und einen Bezug zur Grundübung.

Stecken Sie Ihrem Hund, wenn er in der Grundübung bereits einige Sicherheit an den Tag legt und herausgefunden hat, was zu tun ist, immer (oder zumindest oft), wenn er Sie auf dem Spaziergang ansieht, ein schmackhaftes Leckerchen zu. Auch hier ist es nicht erforderlich, dass er Ihnen direkt in die Augen schaut. Für eine einfache Kontaktaufnahme über den Blick hat er sich eine Belohnung verdient. Lassen Sie Ihren Hund den Inhalt dieser Übung auch in der Bewegung und ohne Leine eigenständig und ohne Lockhilfe herausfinden!

Beim **Angucken mit Signal** lernt der Hund inhaltlich etwas anderes als in der Variante ohne Kommando: Hier haben Sie, sobald die Übung sicher verstanden wird, die Möglichkeit, die Konzentration Ihres Hundes abzurufen. Er hat gelernt, auf Ihr Signalwort hin zu Ihnen zu schauen.

Dies ist in vielen Situationen vorteilhaft, jedoch hat der Vierbeiner – wie in jeder Übung, die auf ein (instrumentell) konditioniertes Signal abgerufen wird – immer eine Wahlmöglichkeit: Folge leisten oder nicht. Um zu erreichen, dass er stets Folge leisten wird, muss ihm diese **Übung besonders attraktiv** erscheinen. Dies kann man maßgeblich über die Art der Belohnung steuern, also das Maß des Erfolges für den Hund. Setzen Sie also vor allem in der ersten Lernphase stets Qualitätsbelohnungen ein!

Übungsaufbau: Das Training startet mit einer reinen Verknüpfungsübung (im Prinzip wie eine Clickerkonditionierung). Für fünf bis zehn Wiederholungen verfahren Sie nach folgendem Schema: Sprechen Sie Ihr Signal (zum Beispiel GUCK MAL) in einem für diese Übung charakteristischen Tonfall aus (der Hund soll leichtes Spiel haben, aus dem allgemeinen Stimmengewirr dieses Signal herauszuhören). Stecken Sie ihm dann in einem zeitlichen Zusammenhang von maximal einer Sekunde ein sehr schmackhaftes Leckerchen zu.

Nach dem letzten dieser Starterdurchgänge wird das Training verändert. Der Hund hat bis jetzt einen ersten Eindruck gewonnen, dass ihm das Signal ein besonderes Leckerchen ankündigt. Nun wollen Sie auch ein wenig **Leistung sehen**. Sprechen Sie das Signal in gleicher Art wie vorher aus, warten Sie was passiert. Wenn sich der Hund Ihnen freudig zuwendet und auf sein Häppchen wartet, wird er umgehend belohnt. Sollte dies noch nicht klappen, brechen Sie die Übung hier ab und wiederholen beim nächsten Trainingsdurchgang noch einmal die Starter-Übung.

Profi-Tipp
Wenn Sie erreichen möchten, dass der Hund Ihnen einen nach oben gerichteten Blick zuwirft, können Sie sich das Belohnungshäppchen selbst je nach Vorliebe in Brust- oder Augenhöhe halten, den Hund draufschauen lassen und es ihm dann geben. Bauen Sie diese Form der Hilfestellung später gegebenenfalls wieder ab.

Feinheiten können auch hier besonders leicht über den Clicker ausgearbeitet werden. Zunächst ist das Ziel aber vor allem die Geschwindigkeit und Zuverlässigkeit, mit der der Vierbeiner mit Ihnen (Blick-)Kontakt aufnimmt.

Halten Sie selbst ein **gutes Timing** in puncto Belohnung ein, um keinerlei Zweifel beim Hund aufkommen zu lassen, was er tun muss, um seine Belohnung zu ergattern. Streuen Sie diese Übung mehrmals auf dem Spaziergang ein. Achten Sie darauf, zunächst nur Momente zu wählen, in denen keinerlei Ablenkung vorhanden ist. In fortgeschrittenen Trainingsphasen sollte dann das Ablenkungsniveau in kleinen Schritten gesteigert werden.

Zielorientierte Führung mit dem Target

Das sogenannte Targettraining ist eine Methode, die ursprünglich aus dem Bereich der Clickerarbeit stammt. Die **Variante „Nase – Stab"** kann aber, mit einem Händchen für ein gutes Timing bei der Belohnung, auch ohne Clicker trainiert werden. Ziel und Vorteil der Target-Übung sind die punktgenaue Führung und Konzentration.

Vor dem Übungsstart definieren Sie ein **Zielobjekt** beziehungsweise eine kleine Stelle des Zielobjektes, das der Hund mit der Nase berühren soll. Dies könnten bei einem größeren Hund beispielsweise eine Fingerspitze oder die Knöchel an einer geballten Faust sein. Für kleinere Hunde ist das Arbeiten mit einem Hilfsmittel zur Überbrückung der körperlichen Distanz sinnvoll, zum Beispiel einem Teleskopzeigestift. In diesem Fall ist das Antippziel die Kappe des Stiftes.

Übungsaufbau: Bewaffnen Sie sich mit einer kleinen Menge attraktiver Belohnungshäppchen. Präsentieren Sie Ihrem Hund Ihr Zielobjekt so, dass er, von Neugierde getrieben, gucken kommt und daran schnüffelt. Wenn Sie mit einem Hilfsmittel arbeiten, sollte nur die Spitze des Objekts für

Ein Anstupsen des Target-Stabes – wie hier gezeigt – ist das Ziel der Grundübung.

den Vierbeiner erreichbar sein, denn er soll in dieser Übung höchste Präzision lernen, um später im Einsatz der Übung auch intensivgebundene Konzentration zu zeigen.

Genau in dem Moment, in dem der Hund das Zielobjekt mit seiner Nase berührt, gibt es für ihn die Belohnung (Click und Leckerchen). Lassen Sie das Zielobjekt zwischen zwei Durchgängen außer Sicht verschwinden. Auf diese Weise können Sie es immer wieder neu präsentieren, was den **Lernerfolg** beschleunigt.

Sobald Ihr Hund diese Übung gut meistert, wird sie etwas erschwert – beispielsweise dadurch, dass der Vierbeiner mehr Schritte auf das Zielobjekt zugehen, sich bücken oder ein wenig nach oben recken muss, um mit der Nase an das Ziel zu stupsen. Wenn Sie mit einem Hilfsmittel arbeiten, können Sie ihm nun auch etwas mehr „Angriffsfläche" auf dem Objekt geben. Belohnen beziehungsweise clicken Sie aber nur, wenn er wirklich die Spitze antippt! **Fehlversuche** in der Mitte des

Zielobjekts **werden ignoriert**. Geben Sie ihm Zeit, in diesem Fall seinen „Fehler" selbst zu korrigieren und die Lösung zu finden.

Steigern Sie Ihren Anspruch in weiteren Trainingssitzungen jedes Mal ein klein wenig mehr. Bewegen Sie sich beispielsweise langsam fort. Oder führen Sie das Zielobjekt von Ihrer linken auf Ihre rechte Seite, so dass der Hund dem Objekt weiter folgen muss, um dort die Endhandlung zu zeigen.

Führen Sie erst dann, wenn Ihr Hund eine **zuverlässige Leistung** zeigt, ein Signal für diese Übung ein (zum Beispiel NASE). Benutzen Sie das Signal im Aufbau in den Momenten, in denen Sie erkennen können, dass Ihr Hund alles richtig machen wird. Belohnen Sie ihn jedes Mal dafür.

Gestalten Sie die Übung dann noch schwieriger, indem Sie sie **mit Kommando starten**. Das Kommando ist nun also die Aufforderung, die erwünschte Handlung zu zeigen. Belohnen Sie Ihren Hund mit einem Jackpot, wenn er Ihnen Folge leistet!

Achtung: Zur sicheren Befehlskontrolle ist es in dieser Phase wichtig, dass Sie spontanes Tippen am Zielobjekt jetzt nicht mehr belohnen. Erfolg gibt es also nur noch, wenn auf Ihr Signal hin gehandelt wurde.

Vielleicht fragen Sie sich an dieser Stelle: Wozu das Ganze? Das Thema war doch Konzentration. Genau! Die „Nasen-Target-Übung" erfolgreich umzusetzen, erfordert vom Hund nämlich tatsächlich ein **Höchstmaß an Konzentration**. Er braucht seinen ganzen Körper, um den Job zu erfüllen: Er muss laufen, er muss gucken, er muss seine Nase zum Einsatz bringen.

Durch einen schrittweisen Trainingsaufbau, Geduld und die Bezahlung mit wertvollen Futterstückchen hat Ihr Hund diese Übung schon bald als interessanten Lerninhalt abgespeichert. Wenn sie **positiv aufgebaut** wurde, macht der Job „NASE" ihm viel Spaß. Nutzen Sie dies im Alltag aus: Die Übung ist für alle Situationen bestens geeignet, wenn Sie höchste Konzentration von Ihrem Hund verlangen und ihm gleichzeitig eine Führung oder Richtung vorgeben müssen.

Um dem Hund zu vermitteln, dass er den Ampelkontakt drücken soll, wird ein Pfoten-Target eingesetzt.

Training für ein sicheres Rückrufsignal

Wenn Ihr Hund auch ohne Leine auf dem Spaziergang geführt wird, ist das Rückrufsignal **eines der wichtigsten Kommandos** im Alltag. Es sollte das Lieblingskommando des Hundes sein oder werden.

Dies ist in weitem Maße über die Belohnungsqualität zu steuern. Aber auch die eigene **Ausstrahlung** spielt eine Rolle. Zeigen Sie Ihrem Hund, wie sehr Sie sich freuen, wenn er prompt auf Ihr Signal reagiert hat, vermeiden Sie hierbei aber den Einsatz von versehentlichen Drohgesten. Auch nett gemeinte Gesten (etwa das Über-den-Kopf-Streicheln oder ein herziges Drücken) empfinden Hunde als unangenehm, da sie in der „Hundesprache" unhöflich und bedrohlich sind.

Leider hat das Rückrufsignal für viele Hunde bereits einen faden Beigeschmack, da es viel zu häufig das Ende allen Spaßes bedeutet. Nicht selten hat sich ein **alltäglicher Fehler** im Zusammenhang mit dem Rückruf eingeschlichen: Der Hund wird nur gerufen, um ihn wieder an die Leine zu nehmen oder um eine kritische Situation zu umschiffen. Das fördert nicht gerade seine Motivation, umgehend zu kommen!

Das Streicheln empfindet dieser Hund als Bedrohung.

Kombinieren erlaubt!
Wenn das Anleinen nach dem Rückruf immer wieder schwierig ist, weil der Hund ausweicht, sollten die Rückrufübungen zwischendurch immer wieder mit der Anleinübung (siehe Seite 32) kombiniert werden.

Übungsaufbau: Starten Sie mit einer Basisübung, in der zunächst nicht das Zurückkommen, sondern nur die Bedeutung des Signals erlernt wird. Benutzen Sie das Rückrufsignal so, wie Sie es benutzen würden, wenn Ihr Hund sich etwa 30 Schritte entfernt befinden würde – also markant und deutlich, damit es einen unverwechselbaren Charakter bekommt. Stecken Sie ihm danach sofort ein sehr schmackhaftes Häppchen zu.

Achten Sie darauf, dass sich Ihr Hund von Anfang an so nah bei Ihnen befindet, dass Sie es schaffen, weniger als eine Sekunde Zeit zwischen dem Signal und der Belohnung verstreichen zu lassen. Die **Verknüpfung**, die Ihr Vierbeiner hier herstellt, ist: „Das Signal ist toll, denn es bedeutet, immer eine tolle Belohnung aus der Hand meines Besitzers zu bekommen!"

Benutzen Sie das Rückrufsignal auch, wenn Sie Ihrem Hund zwischen-

Zuverlässig, freudig und schnell herbeizueilen – das ist das Ziel des Rückruftrainings.

durch einmal einen Snack geben, von dem Sie wissen, dass er ihn besonders schätzt. Wiederholen Sie diese **Verknüpfungsübung** mehrmals täglich auf dem Spaziergang (und ruhig auch zu Hause), aber zunächst ganz ohne Ablenkungen. Je sauberer Sie die Basisübung aufbauen, desto prompter wird Ihr Hund später auch in schwierigen Situationen auf das Signal reagieren!

In **fortgeschrittenen Trainingsphasen** verlangen Sie mehr Leistung. Kombinieren Sie diese Übung dann beispielsweise mit einem Versteckspiel. Belohnen Sie Ihren Hund weiterhin üppig beziehungsweise mit besonders attraktiven Futterstückchen. Binden Sie langsam immer mehr Ablenkungen ein, aber halten Sie immer ein wachsames Auge darauf, ob er dem jeweiligen Schwierigkeitsgrad auch wirklich schon gewachsen ist. Sie laufen sonst Gefahr, die Mühen eines guten Übungsaufbaus durch **falschen Ehr-**

geiz zunichte zu machen. Bedenken Sie, dass für eine zuverlässige Leistung mehrere tausend fehlerfreie Trainingswiederholungen erforderlich sind!

Das Rückruf-Notsignal

Bauen Sie zusätzlich zu dem „normalen" Rückrufsignal ein weiteres auf, das später die Funktion eines „Notsignals" bekommen kann. Das Training folgt dem oben beschriebenen Prinzip (Signal und nachfolgend ein Leckerchen), jedoch ist noch stärker darauf zu achten, dass das Leckerchen die **bestmögliche Assoziationen** hervorruft. Es muss also aus Sicht Ihres Hundes sein absolutes „Super-Lieblings-Leckerchen" sein, das ihn freudig heranstürmen lässt.

Setzen Sie dieses Leckerchen **ganz exklusiv** nur in dieser Übung ein, es muss für den Hund etwas ganz Besonderes bleiben! Benutzen Sie außerdem möglichst kein Kommandowort, sondern ein unverkennbares Signal, beispielsweise einen lauten Pfeifton, möglichst aus einer frequenzcodierten Pfeife, damit das Signal auch wirklich immer exakt gleich ist. Achten Sie auf ein gutes Timing. Und auch hier gilt: Der Hund ist bei Trainingsbeginn so nah bei Ihnen, dass Sie ihm innerhalb maximal einer Sekunde nach dem Signal das Leckerchen geben können.

Wiederholen Sie nun Tag für Tag diese Grundübung, zunächst drinnen, später auch draußen. Üben Sie lange Zeit nicht in Ablenkungssituationen, denn es ist das wichtigste Ziel, diese Übung wirklich niemals misslingen zu lassen! Zählen Sie im Stillen mit, wie oft der Hund im Training die **Kopplung Pfiff = Leckerchen** abspeichern konnte. Erst ab einer Häufigkeit von 5000 bis 8000 Wiederholungen wird es realistisch, dass das Signal so gut „sitzt", dass Sie Ihren Hund auch aus einer Ablenkungssituation herbeipfeifen oder zumindest stoppen können!

Hinweis: Die Belohnung wird hier wie ein Geschenk eingesetzt, denn der Hund hat tatsächlich gar keine „Leistung" gezeigt – er war ja schon da. Das Training zielt vielmehr darauf ab, eine reflexartige Verknüpfung zu erreichen.

Wenn Sie Ihren Hund lange genug auf dieses Signal vorbereitet haben, kann der Einsatz für ihn vielleicht einmal lebensrettend sein. Denn es ist dann das fehlerfreieste und damit hoffentlich **sicherste Signal**. Vielleicht kommen Sie aber auch niemals in eine Notlage, in der Sie das Signal einsetzen müssen. Trotzdem lohnt sich das Training, denn Sie bereiten in jedem einzelnen Trainingsdurchgang Ihrem Hund die allergrößte Freude!

Das Rückruf-Nachlauf-Spiel

Rufen Sie Ihren Hund, wenn er Sie im Freilauf anguckt, sein Rückrufsignal zu und drehen Sie sich sofort danach zügig um und rennen Sie in die entgegengesetzte Richtung weg. Belohnen Sie Ihren Hund, wenn er Ihnen folgt. Lassen Sie ihn nach einem kleinen **gemeinsamen Rennen** schließlich nahe genug herankommen und geben Sie ihm eine attraktive Belohnung ganz dicht an Ihrem Körper. Das gemeinsame Rennen wird jeden dynamischen Hund begeistern, so dass der „Job", heranzukommen, positiv und spielerisch dargestellt wird.

Entlassen Sie Ihren Vierbeiner nach solch einem Trainingsdurchgang, wenn es die Situation erlaubt, mit seinem Freizeitkommando wieder in den Freilauf. Verfahren Sie mit dem **fortgeschrittenen Hund** anders und verlangen Sie, nachdem er die Belohnung für das Herankommen erhalten hat, eine einfache Übung (etwa SITZ). Nehmen Sie ihn ab und zu auch an die Leine und führen ihn ein paar Schritte angeleint, bevor er dann wieder mit seinem Freizeitkommando in den Freilauf entlassen wird.

Versteckspiele

Sicher kennen Sie die Situation, dass Ihr Hund auf dem Spaziergang durch interessante Dinge abgelenkt ist und Sie den Eindruck haben, dass Sie in diesem Moment nur die zweite Geige spielen. Verstecken Sie sich in solch einer Situation, um ihn wieder **aufmerksamer werden** zu lassen. Er kann sogar einen kleinen Schrecken bekommen, allerdings sollten Sie ihn aus Ihrem Versteck heraus im Auge behalten, um zu wissen, was er treibt, und ihm über das Rückrufsignal notfalls eine Hilfestellung zu geben, da-

Rennen steigert im Rückruftraining die Motivation und Schnelligkeit des Hundes.

mit er Sie finden kann. Belohnen Sie ihn dann mit einem attraktiven Leckerchen.

Eine **Variante** dieser Übung ist der „Rückruf ohne Rufen". Hierbei verfahren Sie ähnlich wie oben beschrieben, indem Sie sich verstecken, oder aber, indem Sie sich einfach schnurstracks immer wieder 180° entgegengesetzt vom Hund entfernen – auch wenn er zwischendurch seine Richtung ändert. Eine Belohnung erhält der Vierbeiner, wenn er sich abschließend an Ihrer Seite einfindet. Das kann anfänglich ein wenig dauern, aber durch dieses Verhalten machen Sie sich selbst so interessant, dass Ihr Hund irgendwann an Ihren Aktivitäten teilhaben möchte und bei Ihnen bleibt. Dies ist der **Belohnungsmoment**. Ein zwischenzeitliches Ansprechen oder „Belohnungsversuche", wenn der Vierbeiner nach einem Ihrer Richtungswechsel zwar kommt, aber an Ihnen vorbeirennt, um zu neuen Zielen durchzustarten, sind kontraproduktiv.

Bleiben Sie geduldig! Dadurch, dass der Hund keine Aufforderung für sein Herankommen von Ihnen erhalten hat, kann er in dieser Übung auch niemals einen Fehler machen. Sie steuern sein Bestreben, eine enge Nähe zu Ihnen zu halten, einzig und allein über Ihre Belohnung. In dieser Übung wird auf hohem Niveau die **spontane Aufmerksamkeit** des Hundes gegenüber dem Menschen geschult. Einen leichteren Einstieg in diese Übung hat der Vierbeiner, wenn er bereits mit der Konzentrationsübung „Angucken ohne Kommando" (siehe Seite 17) vertraut ist.

Ein Versteckspiel bringt Schwung in den Spaziergang.

Rückruf als Warnsignal

Neben dem „normalen" Rückrufsignal, das „Komm sofort zu mir heran" bedeutet, können Sie Ihrem Hund auch eine weitere, neue Bedeutung eines Rückrufs beibringen. Sinnvoll ist es, hierfür ein anderes Signal zu benutzen. Dieses neue Signal hat Warncharakter. Es bedeutet so viel wie: „Dies ist deine **letzte Chance**, ich gehe."

Üben Sie zunächst in einfachen und vor allem gefahrlosen Trainingssituationen, in denen Sie die Möglichkeit haben, auch wirklich unnachgiebig Ihren „Warnfilm" ablaufen zu lassen. Benutzen Sie das Warnsignal stets nur **ein einziges Mal** und entfernen Sie sich danach zielstrebig von Ihrem Hund. Kümmern Sie sich nicht um seine Belange.

Belohnen Sie ihn mit einer kleinen Anerkennung seiner Leistung, wenn er Ihnen bereitwillig folgt. Interessanterweise hat gerade dieses Signal, wenn es konsequent umgesetzt wird, auf Hunde eine erstaunliche Wirkung, denn Menschen strahlen bei solch einem Vorgehen ein **hohes Maß an Souveränität** aus und unterstreichen damit ihre Führungsqualitäten.

Rückruf auf Sichtzeichen

Es ist sehr elegant, den Hund statt nur mit einer lauten Stimme auch mit einem Sichtzeichen zum Herankommen zu bewegen. Gut geeignet ist diese Übung in **lauter Umgebung**, denn hier geht ein akustisches Signal schnell unter. Auch für taube Hunde beziehungsweise Tiere, deren Gehör aus Altersgründen nachlässt, ist ein solches Signal angebracht – vorausgesetzt, sie verfügen (weiterhin) über ein gutes Sehvermögen.

Profi-Tipp
Hunde nehmen mit den Augen ihre Umwelt anders wahr als wir: Sie haben ein besonderes Talent, Bewegungsreize auszumachen. Achten Sie daher bei der Wahl des Rückruf-Sichtzeichens auf eine weithin sichtbare, also raumgreifend ausgeführte Bewegung und eine gute Kontrastierung zum Hintergrund. Beispiel: Eine weiße Jacke ist für den Hund vor einem Waldstück sehr gut zu erkennen, im Schnee hingegen nur schlecht.

Übungsaufbau, Variante Grundstellung: Kennt Ihr Hund die Grundstellung, also seitlich parallel an Ihrem Bein zu sitzen? Falls nicht, blättern Sie auf Seite 33 und erarbeiten Sie die dort aufgeführte Übung zuerst. Wenn Ihr Vierbeiner mit der Grundstellung schon vertraut ist, gibt es meist keinerlei Probleme im Trainingsaufbau.

Lassen Sie ihn frontal zu Ihnen SITZ machen oder passen Sie einen Moment ab, in dem sich Ihr Hund vor Ihnen befindet und Blickkontakt zu Ihnen hat.

Achtung: Diese Beschreibung bezieht sich auf die Aufgabe, in einer Umrundung von rechts nach links hinter Ihren Beinen herum auf Ihrer linken Seite in die Grundstellung zu gelangen. Für andere Grundstellungsvarianten muss eine andere Armführung benutzt werden.

Heben Sie Ihren rechten Arm gerade ausgestreckt über Ihren Kopf. Führen Sie Ihren rechten Arm nun langsam seitlich ausgestreckt an Ihren Körper. Anfangs kann es erforderlich sein, den Hund auch **per Ansprache** zu animieren, sich auf das Zeichen hin in Bewegung zu setzen. „Fangen" Sie die Nase Ihres Hundes gegebenenfalls mit einem Lockmittel, das Sie in Ihrer rechten „Sichtzeichen"-Hand halten, ab.

Locken Sie ihn in den ersten Trainingsdurchgängen mit dieser Hand beziehungsweise geben Sie ihm später mit dieser Hand, falls erforderlich, **einen kleinen Wink**, bis er zielstrebig an Ihrer rechten Seite vorbei und dann hinter Ihnen entlang an Ihre linke Körperseite läuft und dort in der Grundstellung SITZ macht. Belohnen Sie Ihren Hund dort für seine gute Leistung. Üben Sie diesen Bewegungsablauf immer wieder, bis Ihr Hund auch ohne

Lockmittel in Ihrer Hand dem Sichtzeichen folgt und sich in der Grundstellung links neben Sie setzt.

Die Bewegung des Armes seitlich von oben nach unten ist das hiermit **aufgebaute Sichtzeichen** für den Rückruf. Es wird in der ersten Trainingsphase mit der Lockbewegung für die Grundstellung kombiniert. Bauen Sie schrittweise Ihre Hilfestellung (Richtungshinweis, wohin Ihr Vierbeiner laufen soll, und Rufen) ab, bis er auf Ihr Zeichen mit dem Arm zügig auch aus einer größeren Entfernung zu Ihnen gelaufen kommt und sich in der Grundstellung neben Ihnen einfindet.

Tipp
Machen Sie es sich zur Gewohnheit, den Hund während des Spaziergangs immer mal wieder, wenn er zwischendurch zufällig zu Ihnen schaut, das heißt also nicht nur im „Ernstfall", mit dem Sichtzeichen zu „rufen" und im Erfolgsfall mit einer Qualitätsbelohnung zu überraschen. Setzen Sie die Übung zunächst in ablenkungsarmen und später in immer schwierigeren Situationen ein.

Hinweis: Das Sichtzeichen ist das Entscheidende bei dieser Übung. Wenn sich Ihr Hund an Ihrer linken Seite über einen seitlichen Halbkreis in die Grundstellung begibt, wird das Sichtzeichen (und anfangs auch die Lockbewegung) mit dem linken Arm ausgeführt. Für die rechte Grundstellung gilt dies entsprechend spiegelverkehrt. Trainingsvarianten für den Aufbau der Grundstellung finden Sie auf Seite 33.

Übungsaufbau, Variante Vorsitzen: Wenn Sie beide Rückrufvarianten mit Sichtzeichen trainieren wollen, ist es für den Hund wichtig, dass Sie unterschiedliche, charakteristische Sichtzeichen einsetzen, damit er genau erkennen kann, ob Sie die eine oder die andere Variante und somit Endposition meinen. Passen Sie auch hier eine Situation ab, in der sich Ihr Hund vor Ihnen befindet oder lassen Sie ihn SITZ machen und entfernen Sie sich anfangs zwei bis drei Schritte, so dass er in einer geringen Distanz frontal vor Ihnen sitzt. Halten Sie in einer Hand oder in beiden Händen ein schmackhaftes Leckerchen.
Heben Sie zur leichten **Unterscheidung** des Sichtzeichens nun Ihre beiden Arme jeweils seitlich in einer ausholenden Bewegung von unten nach oben an und führen Sie sie gemeinsam vor Ihrem Körper wieder nach unten. Üben Sie das Herankommen und Vorsitzen auf das Sichtzeichen hin aus einer immer größeren Distanz und unter schrittweise gesteigerter Ablenkung.

Spaßrückruf mit Naseneinsatz

„Verkaufen" Sie Ihrem Hund das **Herankommen als Spiel**. Meist kitzelt man mit dieser Übung auch bei denjenigen Hunden mehr Begeisterung heraus, die (noch) nicht wirklich freudig und prompt herankommen. Mit einem spielerischen Aufbau bekommt das Herankommen für den Vierbeiner eine ganz andere Qualität und noch dazu eine **spannende Bedeutung**.
Um Verwirrung zu vermeiden und damit diese Form des Rückrufs ohne

Anfangs darf beim Spaßrückruf ruhig mit einem Fingerzeig geholfen werden.

die kleinste Idee eines bitteren Beigeschmacks aufgebaut werden kann, sollten Sie hier ein für den Hund noch völlig unbekanntes Kommandowort (etwa PRONTO) einführen.

Übungsaufbau: Starten Sie falls notwendig mit einer Vorübung, um den Hund einen besonders leichten Einstieg finden zu lassen. Legen Sie, während er zuschaut, ein schmackhaftes Leckerchen zwischen Ihren Füßen auf den Boden. Sagen Sie nun mit einer einladenden Handbewegung Ihr neues Kommandowort und lassen Sie den Hund dieses Leckerchen (suchen und) fressen. Loben Sie Ihn gegebenenfalls zusätzlich mit der Stimme.

Nun zur **eigentlichen Übung**: Warten Sie auf dem Spaziergang auf eine Gelegenheit, in der Ihr vierbeiniger Begleiter frei läuft und schnüffelt. Legen Sie unbeobachtet ein Leckerchen zwischen Ihre Füße auf den Boden und rufen Sie den Hund mit dem neuen Kommando heran. Geben Sie ihm anfänglich eventuell eine kleine Hilfestellung durch einen Fingerzeig. Lassen Sie ihn die Belohnung suchen und fressen. Beenden Sie die Situation wahlweise mit der Fortsetzung des Freilaufs, also durch ein Freizeitkommando, durch eine andere Übung oder das Anleinen (siehe Anleinübung Seite 32).

Führen Sie nach und nach **kleine Varianten** in dieses Spiel ein. Legen Sie, wenn Ihr Hund die Übung grundsätzlich verstanden hat, das Leckerchen nicht mehr zwischen Ihre Füße, sondern an einer beliebigen Stelle in ihrer Nähe auf den Boden. Ihr Vierbeiner muss nun ein wenig mehr suchen, um an seine Belohnungsbeute zu kommen.

Diese Herausforderung macht dem Hund am meisten Spaß: Sie betreiben hier ein **Beutespiel**. Ihre Rolle ist die des Jagdleiters. Aus Sicht Ihres Hundes sind Sie derjenige, der die Beute ausfindig macht. Dann rufen Sie ihn heran und er erledigt den Rest: die Beute aufspüren und „überwältigen". Für jagdbegeisterte Hunde gibt es kaum ein schöneres Abenteuer!

Varianten für Fortgeschrittene: Das Rückrufspiel kann noch weiter verfeinert werden. Vergleichsweise einfach ist folgende Variante: Binden Sie in die Suchaufgabe ein Objekt mit ein, das Sie statt des freien Leckerchens in gewohnter Weise (so dicht bei Ihnen, dass Sie den Hund ohne Mühe anleinen könnten, denn schließlich ist dies eine „Rückrufübung") auslegen. Lassen Sie sich das Objekt von Ihrem Hund geben und belohnen Sie ihn dafür.

Hunde, die Futterbelohnungen bevorzugen, sollten in eng verknüpfter Weise mit Futter belohnt werden. Dies erreichen Sie, indem Sie einen gefüllten **Futterbeutel als Objekt** auslegen und dem Vierbeiner nach dem Abgeben der „Beute" ein Stückchen aus diesem Beutel herausholen. Hunde, die versessen auf Spielzeug sind, können in dieser Übung ihr Lieblingsspielzeug finden und eine Runde damit spielen dürfen, bevor sie es Ihnen (ruhig anfänglich gegen eine Belohnung) wieder für einen weiteren Durchgang abgeben.

Deutlich anspruchsvoller ist die Variante, die Suche mit einer Selbstkontrolleübung zu **kombinieren**. Besonders leicht gelingt dies, wenn dem Hund die Selbstkontrolleübungen auf Seite 54 vertraut sind. Lassen Sie ihn jetzt also das in gewohnter Weise ausgelegte Leckerchen suchen, aber verlangen Sie von ihm, bevor er es auf Ihr ausdrückliches Okay hin haben darf, einen Blickkontakt.

Auch ein Anzeigeverhalten kann eine **mögliche Variante** dieser Übung darstellen. Dann ist jedoch ein anderer Start ins Geschehen sinnvoll. Der Hund soll hier im Idealfall von Anfang an lernen, eine Verknüpfung zwischen Anzeigeobjekt und Anzeigeverhalten herzustellen. Das ist wichtig, damit er nicht in Ihrem Auftrag „anzeigt", sondern zuverlässig und umgehend immer dann, wenn er das Objekt gefunden hat. Auf Seite 75 finden Sie die Trainingsbeschreibung für die Anzeige-Übung. Das Anzeigen kann übrigens nicht nur beim Spaßrückruf, sondern auch bei anderen Suchspielen eingesetzt werden.

Für den „Ernstfall": Rückruf stoppen

Für ungetrübte Freude am Freilauf sollte der Hund **jederzeit lenkbar** sein. Binden Sie Präzisionsübungen wie das Stoppen des Rückrufs daher täglich in den Übungsplan ein – Sie werden sie vielleicht einmal brauchen!

Vielleicht haben Sie die **folgende Situation** schon einmal erlebt: Sie rufen Ihren frei laufenden Hund. Er kommt sofort und schnell angelaufen. Eigentlich ein Moment zur Freude, denn das intensive Rückruftraining zahlt sich offensichtlich aus. In diesem

Fall aber realisieren Sie, dass Ihr Hund beispielsweise mit einem Radfahrer kollidieren oder in einen Stacheldrahtzaun laufen wird. Sie müssen ihn **unbedingt stoppen**!

Nichts ist einfacher als das, wenn Ihr Hund die **folgende Übung** beherrscht: Testen Sie unabhängig von der eigentlichen Übungssituation, wie Ihr Vierbeiner, wenn er frontal zu Ihnen steht oder sich auf Sie zu bewegt, reagiert, wenn Sie eine auffällige Wurfbewegung (etwa mit einem Ball) machen. Vor allem spielfreudige Hunde bleiben in aller Regel wie angewurzelt stehen und gucken nach oben, wohin das **Objekt** fliegt. Sollte Ihr Hund zu diesen Kandidaten gehören, wird Ihnen beiden diese Übung besonders leicht fallen.

Lassen Sie Ihren Hund SITZ machen und entfernen Sie sich etwa 20 Meter weit von ihm. Als Alternative kann das Tier auch von einer Hilfsperson gehalten werden. Drehen Sie sich dann zu Ihrem Vierbeiner um und rufen Sie ihn ohne besonderen Elan. Beobachten Sie ihn genau. Versuchen Sie, wenn er etwa auf der Hälfte des Weges zu Ihnen ist, die zwar mit viel Schwung durchgeführte, aber dennoch nur angedeutete **Wurfbewegung** anzusetzen (Sie lassen das Spielzeug, wenn Sie eines in der Hand halten, also nicht los). Hat Ihr Hund wie erwartet angehalten, sollten Sie sich beeilen, zu ihm zu laufen, denn er hat sich eine tolle Belohnung verdient. Vermeiden Sie hierbei körperliche Drohgesten und unterstützen Sie ihn ruhig mit einem Kommando (BLEIB, SITZ, PLATZ oder STEH), damit er den Ort möglichst nicht verlässt. Belohnen Sie ihn an Ort und Stelle und lösen Sie dann die Übung auf.

Tipp
Anfangs ist es für viele Hunde einfacher, wenn Sie beim Üben des Rückruf-Stopps tatsächlich ein Objekt in der Hand halten, denn die optische Wahrnehmung spielt eine nicht unbedeutende Rolle. Auch ein kurzes vorangegangenes Spiel mit dem fraglichen Objekt erhöht die Erfolgschancen. Den Moment des Anhaltens können Sie besonders effektiv mit dem Clicker markieren und dem Hund dann in aller Ruhe das ihm schon versprochene Leckerchen zukommen lassen.

Wiederholen Sie die Übung täglich an **wechselnden Orten**. Wenn Sie merken, dass Ihr Hund gut darauf reagiert, ist es an der Zeit, ein Kommando einzuführen. Behalten Sie als Sichtzeichen ruhig die Wurfbewegung bei. Dieses Zeichen ist so auffällig, dass es auch für einen „Ernstfall" gut geeignet ist. Falls Sie anfangs ein Wurfobjekt in der Hand gehalten haben, sollte dieses Detail in der Übung für Fortgeschrittene abgebaut werden, denn an dieses Bild soll sich Ihr Hund nicht dauerhaft gewöhnen.

Nun zu den Hunden, die weniger Bezug zu fliegendem Spielzeug haben und daher auf eine Wurfbewegung nicht mit Stehenbleiben reagieren. Hier können Sie die Übung in gleicher Weise aufbauen, aber statt eines Spielobjekts, mit dem Sie einen Wurf antäuschen, dickere Brocken eines **schmackhaften Leckerchens** verwenden. Das eingesetzte Leckerchen sollte schwer genug sein, damit Sie es gut werfen können und es möglichst über mehrere Meter einigermaßen zielgerichtet flugfähig ist. **Bewerfen** Sie Ihren Hund in diesem Fall anfangs tatsächlich mit den Leckerchen und gehen Sie dann dazu über, auch hier den Wurf nur noch anzutäuschen, und führen Sie das Kommando ein. Sparen Sie bei promptem Stehenbleiben nicht mit einer Qualitätsbelohnung.

Auch Anleinen will geübt sein

Bei manchen Hunden löst die Geste, mit der man ihn anleinen möchte, entweder Angst und Meideverhalten oder aber sportlichen Ehrgeiz und das „Hasch-mich-doch-Spiel" aus. Damit das Anleinen immer eine entspannte Angelegenheit bleibt (oder wird), empfiehlt es sich, eine für den Hund attraktive Übung daraus zu machen. Greifen Sie hierzu mit einer ruhigen Bewegung seitlich oder, noch besser, von unten an das Halsband Ihres Hundes und halten es fest. Geben Sie dem Vierbeiner nun ein Leckerchen. Befestigen Sie erst danach die Leine. Jetzt kann der Hund eine weitere Belohnung (für ein ruhiges Abwarten) bekommen.

Lassen Sie ihn dann angeleint beispielsweise SITZ machen, belohnen Sie ihn, wenn er Sie anschaut, lösen Sie die Leine wieder. Warten Sie auf einen weiteren Blickkontakt und belohnen Sie den Hund diesmal wahlweise mit einem Leckerchen oder mit der Erlaubnis, frei zu laufen.

Vor allem kleine Hunde werden beim An- und Ableinen schnell versehentlich über die Körpersprache bedroht.

Weitere Aufgaben aus der Grundausbildung

Vielleicht will Ihnen auf den ersten Blick nicht einleuchten, was so simple Übungen wie SITZ, PLATZ und andere aus der „Grundausbildung" für Hunde in einem Beschäftigungsprogramm für Abenteuerspaziergänge zu suchen hat. Sie werden staunen, was man aus solch **einfachen Aufgaben** alles herausholen kann!

Übungen rund um das SITZ

Trainingsanfänger bauen die Übung so auf, dass sie dem Hund ein Leckerchen in Aussicht stellen und dieses so über seine Nase nach oben führen, dass er hochschaut. Warten Sie, bis er sich setzt, belohnen Sie ihn dafür umgehend.

Für die **Fortgeschrittenen** unter den Hunden kommt es darauf an, dass sie im Kommando weiter gefestigt werden. Hierzu gibt es mehrere Ansatzmöglichkeiten: Staffeln Sie beispielsweise Ihre Belohnung in Bezug auf die Qualität. Belohnen Sie Ihren Hund nur noch dann mit Qualitätsleckerchen, wenn er das SITZ-Signal schnell und sauber befolgt hat. Verwenden Sie weniger attraktive Belohnungen, wenn er die Übung gut, aber dennoch nicht als Bestleistung gezeigt hat.

Achtung: Unterstützen Sie Ihren Hund, wenn nötig, in ablenkungsreichen Momenten! Der Einsatz von Sichtzeichen oder auch eines Lockmittels ist in Ablenkungssituationen durchaus erlaubt. Das wichtigste Ziel im Training ist, dass der Hund es grundsätzlich schafft, jede Anforderung oder Übung **immer und überall** erfolgreich umzusetzen. Auch auf einem ganz gewöhnlichen Spaziergang wird es daher am Anfang Situationen geben, in denen er für eine gute Umsetzung der Übung auf Ihre Unterstützung angewiesen ist, weil das Maß an Ablenkung aus der Umgebung noch nicht seinem Trainingsniveau entspricht.

Für das SITZ in der Grundposition sind insgesamt **vier Varianten** möglich: je zwei an der rechten oder linken Seite – je nachdem, wie Sie Ihren Hund führen möchten. Nehmen Sie sich am besten zuerst die Seite vor, die Ihnen mehr liegt oder die Sie für den Hundesport benötigen, in aller Regel links. Die andere Seite ist ein guter Ausgleich – und im Beschäftigungstraining für den Hund eine schöne Herausforderung.

Grundposition links, Variante 1: Locken Sie Ihren Hund, der sich vor Ihnen befindet, von rechts nach links hinter Ihrem Rücken entlang an Ihre linke Seite. Achten Sie darauf, dass er nicht „überdreht", sondern möglichst dicht und in paralleler Körperausrichtung neben Ihnen SITZ macht. Belohnen Sie ihn in dieser Position und lösen Sie dann die Übung auf.

Anfangs ist es legitim, mit Lockmitteln zu arbeiten. Besonders leicht ist dies, wenn man zunächst in beide Hände ein Leckerchen nimmt, dann gibt es beim Herumlaufen hinter Ihrem Rücken keine Orientierungsprobleme. Bauen Sie in den Wiederholungen Schritt für Schritt die Lockhilfe ab, bis Sie erreicht haben, dass Ihr Hund **mit einem leichten Fingerzeig als**

Tipp
Wenn Sie für diese Übung ein Sprachkommando einführen möchten, ist der richtige Moment dafür erst dann gekommen, wenn Ihr Hund die Übung mit dem Sichtzeichen bereits gut verstanden hat, denn vorher arbeiten Sie immer noch mit einer relativ hohen Fehlerquelle. Benutzen Sie das Sprachkommando dann kurz bevor Sie Ihrem Hund das aus dem Übungsaufbau vertraute Sichtzeichen geben.

Sichtzeichen in einem flüssigen Bewegungsablauf um Sie herumgeht und sich an Ihre linke Seite setzt.

Grundposition links, Variante 2: Auch in diesem Fall wird die Übung in einem Moment gestartet, in dem sich Ihr Hund vor Ihnen befindet. Halten Sie im ersten Lernschritt ein Leckerchen in der linken Hand, locken Sie Ihren Hund damit an. Bewegen Sie nun Ihre Hand auf Höhe der Hundenase in einer leichten Kreisbewegung von außen beginnend weit nach hinten und dann eng am eigenen Bein wieder nach vorne. Je länger der Rücken Ihres Hundes ist, desto weiter nach hinten sollte er in der Drehung an Ihrer Seite geführt werden, um zu guter Letzt **eng und parallel** (nicht etwa schräg!) an Ihrer Seite zu landen. Beenden Sie die Übung mit SITZ, belohnen Sie Ihren Hund und lösen Sie dann die Übung auf. Bauen Sie auch hier die Lockhilfe schrittweise ab.

Genau wie in der Variante 1 kann am Schluss zusätzlich zu einem Sichtzeichen, das sich aus der Lockbewegung ableitet, ein Sprachkommando eingeführt werden. Und es gilt gleichermaßen die Regel, das **Sprachkommando zeitlich kurz vor dem Sichtzeichen** einzusetzen, denn andernfalls konzentriert sich der Hund nur auf das Sichtzeichen und „überhört" das Wort einfach.

Als Varianten 3 und 4 können die beiden beschriebenen Übungen auch an der rechten Seite umgesetzt werden. Ihr Hund muss hierbei ein eigenständiges Raummuster lernen. Dies stellt oftmals eine ganz neue Herausforderung dar!

Der Oppositionsreflex

Hunde verfügen am ganzen Körper über sogenannte Oppositionsreflexe, die den Lagesinn unterstreichen. Wenn Sie den Hund beispielsweise mit der flachen Hand an der Schulter drücken, fällt er nicht in Richtung Ihres Druckes um, sondern lehnt sich mit seinem Gewicht gegen Ihre Hand. Auf Druck folgt also Gegendruck, genauso folgt auf Zug Gegenzug. Vielleicht kennen Sie dieses Prinzip aus gemeinsamen Zerrspielen.

Den Oppositionsreflex kann man in manchen Fällen sehr gut ausnutzen, wenn man eine Körperposition festigen will – zum Beispiel das SITZ. Lassen Sie dafür Ihren Hund wie gewohnt SITZ machen. Befestigen Sie eine Leine so an seinem Halsband, dass der eingehakte Karabiner vorne am Hals positioniert ist. Ziehen Sie nun sanft, aber unnachgiebig an der Leine nach vorne, wobei die Leine etwa parallel zum Boden auf Halsbandhöhe des Hundes gehalten werden sollte. Belohnen Sie Ihren Hund in der SITZ-Position, wenn Sie merken, dass er seine Rückenmuskeln anspannt und Kraft aufwendet, um Ihrem Zug standzuhalten. Lassen Sie nach der Belohnung beziehungsweise dem „Click" die Leine wieder locker und lösen Sie die Übung auf.

Vorsitzen: Das Vorsitzen ist eine Übung aus dem Hundesport, die auch in ein Beschäftigungsprogramm auf einem Abenteuerspaziergang eingebunden werden kann. Stellen Sie sich frontal (eventuell mit leicht gegrätschten Beinen) zu Ihrem Hund auf. Hal-

Der Oppositionsreflex: Wenn in dieser Art sanft aber gleichmäßig an der Leine gezogen wird, spannt der Hund unwillkürlich seine Rückenmuskulatur an.

ten Sie vor Ihrem Körper ein attraktives Lockmittel mit beiden Händen fest. Zeigen Sie ihm dieses nun, indem Sie es ihm entgegenstrecken, und ziehen Sie dann Ihre Hände in einer langsamen, aber flüssigen Bewegung **dicht zu sich heran** und eng an Ihrem Körper nach oben.

Im Idealfall **folgt der Hund Ihrer Bewegung** bereitwillig. Sollte das nicht der Fall sein, versuchen Sie es erneut mit einem noch spannenderen Lockmittel. Sollte es passieren, dass Ihr vierbeiniger Trainingspartner nicht automatisch aus dem Bewegungsablauf des Lockens die Sitzposition einnimmt, fordern Sie ihn mit Kommando dazu auf. Belohnen Sie ihn nun und lösen Sie danach die Übung auf.

Das enge Vorsitzen ist einigen Hunden anfänglich suspekt. In der hundeeigenen Sprache ist eine derartige körperliche Annäherung eine unhöfliche Angelegenheit und wird als Bedrohung bewertet. Trotzdem kann Ihr Hund diese Handlung **stressfrei lernen**. Verlangen Sie aber in den einzelnen Übungsdurchgängen immer nur ein ganz kleines bisschen mehr Nähe. Belohnen Sie ihn üppig, wenn er alles richtig macht.

Profi-Tipp
Benutzen Sie in den verschiedenen Übungen (wie etwa Sitzen in der Grundposition, Vorsitzen oder Sitzen auf Distanz) auch jeweils verschiedene markante Sichtzeichen. So machen Sie es Ihrem Hund leichter, die verschiedenen Aufgaben zu unterscheiden.

SITZ auf Distanz: Das Sitzen auf Distanz ist eine tolle Übung zur Führung im Alltag! Die Schwierigkeit im Training besteht darin, dass die allermeisten Hunde die Übung SITZ in unmittelbarer Nähe des mit ihnen übenden Menschen lernen. Dieses Detail verknüpfen sie auch mit dem Kommando. Das bedeutet, sie haben nicht etwa gelernt, sich unmittelbar auf das Kommando hin sofort hinzusetzen, sondern sich in der Nähe ihres Menschen hinzusetzen.

Für einen sinnvollen **Übungsaufbau** binden Sie Ihren Hund in einer ruhigen Situation mit der Leine an einem stabilen Gegenstand so fest, dass er etwa einen Meter Bewegungsspielraum hat. Treten Sie nun ein paar Schritte von ihm weg, so dass Sie außerhalb seiner Reichweite stehen, und verlangen Sie SITZ. Belohnen Sie Ihren Hund umgehend, wenn er Ihr Kommando befolgt, das heißt treten Sie schnell (aber ohne Bedrohungsgeste!) an ihn heran und geben Sie ihm sein Leckerchen. Im Fall des Clickereinsatzes clicken Sie genau in diesem Moment, wenn sich der Hund setzt. Sie haben dann mehr Zeit für die Belohnung.

Achtung: Belohnen Sie in dieser Übung den Hund wirklich nur im Sitzen (siehe auch Positionskontrolle Seite 52). Sollte er in freudiger Erwartung der Belohnung bei Ihrer Annäherung aufspringen, gibt es diese erst nach einem nochmaligen Hinsetzen. Bei fortgeschrittenen Hunden darf man durchaus noch strenger sein und die Belohnung demonstrativ wegstecken, um die Übung neu zu starten. Körpersprachlich sollten Sie dabei allerdings keinen Groll erkennen lassen: Der **Verlust der Belohnung** reicht dem Hund **als Fehlerinformation** voll und ganz. Wiederholen Sie diese Übung in unterschiedlichen Situationen, das heißt an verschiedenen Orten und, wenn sie gut gelingt, auch in größer werdenden Distanzen.

Tipp
Beim Üben des SITZ auf Distanz können Sie wahlweise das Sicht- oder Sprachkommando einsetzen. Achten Sie jedoch darauf, das Sprachkommando nicht zu wiederholen, wenn die Übung nicht sofort gelingen sollte. Denn dies ist ein Zeichen dafür, dass der Hund noch nicht ausreichend mit der Leistungsanforderung vertraut ist. Schrauben Sie in diesem Fall Ihren Übungsanspruch herunter und stabilisieren Sie die Leistung erst einmal auf niedrigerem Niveau.

Berücksichtigen Sie, dass die Leine, die anfänglich als Hilfestellung benutzt wird, damit der Hund sich Ihnen nicht nähern kann, gleichzeitig eine leichte Generalisierung verhindert (mehr dazu auf Seite 102). Um eine **Generalisierung** schnell zu erreichen, üben Sie daher auch in Situationen, in denen Sie auf andere Art Gelegenheit haben, Ihren Hund daran zu hindern, sich Ihnen zu nähern. Zäune, Absperrungen, kleine Bachläufe, später auch weniger unüberwindbare Hilfsmittel wie Parkbänke oder Ähnliches sind dafür geeignet. Kombinieren Sie mit dem fortgeschrittenen Hund das SITZ auf Distanz auch mit der Übung Stoppen beim Rückruf, um im Ernstfall gewappnet zu sein.

Kopfarbeit pur
Eine Abwandlung des Übungsaufbaus SITZ auf Distanz stellt die Kombination zwischen Rückwärtsaufbau und einer Objektverknüpfung mit einer Position dar. Übertragen auf das Sitzen auf Distanz bedeutet das: Der Hund soll sich auf oder dicht neben einen beliebigen Gegenstand setzen, beispielsweise ein Taschentuch, das Sie mit auf den Spaziergang nehmen. Mit dem Clicker kann diese Leistung auch frei geformt werden und ist dann Kopfarbeit pur. Sie finden die Trainingsbeispiele auf Seite 56 unter dem Begriff „Taschentuchübung".

SITZ aus der Bewegung: Sich aus einer flüssigen Bewegung heraus umgehend auf Kommando hinzusetzen, ist eine Trainingsherausforderung für fortgeschrittene Teams. Aus dem Hundesportbereich wird dies in der Regel aus dem Fußlaufen heraus verlangt. Aber warum diese Übung, als spannende Beschäftigungsaufgabe, nicht abwandeln und vom Hund SITZ aus der Bewegung auch im schnellen Lauf oder mit anderen Körperablenkungen verlangen wie etwa aus einer hopsenden Gangart? Derartige Varianten sind anspruchsvoller als die Grundübung und im Rahmen eines Generalisierungstrainings (siehe Seite 102) eine tolle Aufgabe für Profis.

Für den „**einfachen" Übungsaufbau** lassen Sie Ihren Hund bei Fuß gehen. Passen Sie einen Moment perfekter Konzentration ab und geben Sie ihm das Signal für SITZ. Setzen Sie anfangs gegebenenfalls zusätzlich zum Sprachkommando auch ein Sichtzeichen ein, denn dann fällt die Aufgabe vielen Vierbeinern leichter. Gemeinsam mit dem Hund stehenzubleiben kann ein allererster Lernschritt sein, jedoch ist das Ziel im Training, dass er sich eigenständig und unabhängig von Ihren Bewegungen setzt.

In **fortgeschrittenen Trainingsdurchgängen** sollten Sie also strikt darauf achten, nicht mehr stehenzubleiben. Das eigene Tempo geringfügig zu verlangsamen oder sich leicht dem Hund zuzuwenden sind ebenfalls kleine Hilfestellungen, die im Trainingsverlauf nach und nach abgestellt werden sollten. Belohnen Sie den Hund in gewohnter Weise.

SITZ aus der Bewegung kann auch aus anderen Situationen als nur aus dem Fußlaufen heraus trainiert werden und erhält dann die Bedeutung eines Stoppsignals, wobei Sie dem Hund die Endhandlung über das SITZ-Kommando vorgeben.

Stoppen mit SITZ: Lassen Sie dafür Ihren Hund in den ersten Trainingsdurchgängen angeleint vor sich laufen. Geben Sie ihm das Kommando SITZ und bleiben Sie selbst gleichzeitig stehen, ohne dem Hund mehr Leinenspielraum zu geben, damit er nach dem Kommando seinerseits keinen einzigen Schritt mehr weiterläuft. Belohnen beziehungsweise clicken und belohnen Sie ihn umgehend, wenn er alles richtig macht. Praktizieren Sie diese Übung nach und nach an einer immer längeren Leine, bis Sie diese schließlich ganz weglassen.

Achtung: Vermeiden Sie es, beim Stehenbleiben an der Leine zu rucken. Dies ist nicht erforderlich und sogar kontraproduktiv. Denn Manipulationen an der Leine sind immer dann

Im fortgeschrittenen Training sollen die Hilfestellungen immer weiter abgebaut werden.

besonders ungünstig, wenn der Hund die fragliche Leistung später auch unangeleint zeigen soll. Spätestens dann nämlich kann man nicht mehr auf diese „Hilfe" bauen. Halten Sie stattdessen die Leine kurz und gespannt, damit Ihr Stoppen auch ohne zusätzlichen Ruck über die Leine unmittelbar beim Hund „ankommt".

Die PLATZ-Übung

Auch PLATZ zählt zu den wichtigen Alltagsaufgaben, die auf einem Abenteuerspaziergang zur Generalisierung, als Spaß, als Kombinationselement oder auch in Selbstkontrolleübungen verlangt werden kann.

Trainingsanfänger locken ihren Hund über ein in Aussicht gestelltes Leckerchen in die PLATZ-Position. Er soll zunächst einen Eindruck davon bekommen, was Sie von ihm erwarten. Geben Sie dem Hund das Lockleckerchen sofort, wenn er in der gewünschten Weise liegt. Bauen Sie dann schrittweise alle Hilfestellungen ab, die zunächst für das Erreichen der Liegeposition erforderlich waren (Hand mit Lockmittel am Boden, eigene Hockposition ...). Achten Sie dabei darauf, dass Ihr Hund die Übung trotzdem immer erfolgreich beenden kann. Der Schwierigkeitsgrad darf also nicht zu schnell hochgeschraubt werden!

Verwenden Sie für die PLATZ-Übung Sicht- oder Hörzeichen. Auch hier gilt, dass bei gleichzeitigem Einsatz der Signale die Konzentration des Hundes auf dem Sichtzeichen liegt. Berücksichtigen Sie das im Übungsaufbau (siehe Seite 34).

Von **fortgeschrittenen Hunden** kann mehr Leistung verlangt werden, wie etwa das PLATZ in einer belebten

Üben Sie zunächst nur wenige Schritte Entfernung, wenn Ihr Hund noch Trainingsanfänger ist.

Umgebung oder, für kurzhaarige Vierbeiner, auf feucht-kaltem Untergrund. Staffeln Sie dabei die Qualität der Belohnung und setzen Sie besondere Leckerchen ein, wenn Ihr Trainingspartner trotz dieser Erschwernisse brav mitgearbeitet hat.

Üben Sie die PLATZ-Position ebenfalls in den eben für das SITZ beschriebenen Varianten – wie etwa auf Distanz oder aus der Bewegung. Oder stärken Sie auch hier die Position über den Oppositionsreflex (siehe Kasten Seite 34). Der Übungsaufbau entspricht jeweils dem bei den SITZ-Aufgaben.

Die BLEIB-Übung

Im Alltag ist es sehr hilfreich, wenn der Hund gelernt hat, an einem ihm zugewiesenen Ort so lange auf Sie zu warten, bis Sie das Kommando wieder auflösen. Wenn ein sauberer Aufbau in den Positionskommandos durchlaufen wurde, bedeuten SITZ, PLATZ oder STEH auch immer, dass sie solange eingehalten werden müssen, bis sie aufgelöst werden. Ein zusätzliches Kommando wie BLEIB ist dann eigentlich überflüssig. Wer weniger präzise trainiert hat, kann jedoch mit dem Kommando BLEIB die fehlende Zuverlässigkeit in den Positionen leicht auffangen. In diesem Fall vermitteln Sie Ihrem Hund, dass **BLEIB „warten" bedeutet**.

Sie können das Signal BLEIB auch an Positionen koppeln, etwa SITZ-BLEIB oder PLATZ-BLEIB. Achten Sie für ein schnelles Erlernen der Übung bei einem Trainingsanfänger darauf, ihn **nie aus dem BLEIB abzurufen**. Das Ziel ist, dass der Hund entspannt auf Sie wartet. Kehren Sie also stets dorthin zurück, wo Sie ihn zurückgelassen haben, und belohnen Sie ihn dort für das Warten.

Wenn Sie ihm zu Beginn der Übung eine Position angesagt haben (beispielsweise SITZ), ist es ein nicht unbedeutendes Detail, dass der Hund diese Position die ganze Zeit beibehält. Wenn nicht unter sportlichen Kriterien, sondern nur zur Schulung eines alltagstauglichen Gehorsams oder „nur" zur Beschäftigung trainiert, kann man dem Hund ruhig entgegenkommen und ihn in seiner **Lieblingsposition** warten lassen. Wenn für die Zukunft ein hohes Leistungsziel angestrebt wird, ist PLATZ häufig die beste, weil auf lange Sicht bequemste Position.

Und **so bauen Sie die Übung auf**: Sagen Sie dem Hund zunächst eine Position an. Drehen Sie sich, wenn er diese eingenommen hat, einmal um Ihre eigene Achse. Belohnen Sie ihn umgehend, wenn er nicht aufgestanden ist.

Wiederholen Sie diesen Ansatz mit verschiedenen Ablenkungen, etwa indem Sie auf der Stelle marschieren, einen Arm oder ein Bein anheben oder klatschen. Nehmen Sie nach und nach auch Distanz und Zeitfaktor als Erschwernisse hinzu. Halten Sie dabei aber Maß und **belohnen** Sie den Hund frühzeitig, das heißt: **bevor er einen Fehler macht**! Bedenken Sie, dass er aus jeder misslungenen BLEIB-Übung lernt, dass das Kommando einfach zu umgehen ist und er dafür sogar ein Feedback von Ihnen erntet. Denn dies ist selbst dann der Fall, wenn Sie ihn ermahnen.

Für **fortgeschrittene Teams** bietet die BLEIB-Übung fast grenzenlose Möglichkeiten. Bauen Sie immer größere Distanzen und längere Trennungen ein. Gehen Sie außer Sichtweite und steigern Sie schrittweise auch das Maß an Ablenkungen aus der Umwelt. Verlangen Sie jedoch kein BLEIB, wenn Ihr Hund von anderen Hunden bedrängt wird, denn dies bringt ihn in eine unnötige Zwickmühle in seinem Sozialverhalten!

Tipp
Wichtiger, als bei der BLEIB-Übung frühzeitig eine lange Dauer oder eine große Distanz zu erreichen, ist, dass der Hund das Warten positiv verknüpft. Anfangs ist dies nur bei einem geringen Leistungsanspruch (zum Beispiel fünf Sekunden, ein Schritt Entfernung) und gleichzeitigem Einsatz einer guten Belohnung möglich. Feilen Sie also am Leistungsanspruch erst später, nämlich wenn der Hund in den einfachen Startübungen diese positive Einstellung gefunden hat.

Korrigieren – aber richtig!

Beim gemeinsamen Training kann es immer passieren, dass der Hund etwas macht, mit dem man selbst nicht einverstanden ist. Da **Strafen Angst und Misstrauen schüren** und nur schwer fachlich korrekt anzuwenden sind, sollten andere Möglichkeiten der Korrektur eingesetzt werden.

Eine gute Maßnahme ist es, ein Korrektursignal (zum Beispiel PFUI) zu trainieren, das dem Hund die voraussehbare **Erfolglosigkeit** seiner Handlung vermittelt. Für einen guten Lernerfolg muss dies im Trainingsaufbau allerdings hundertprozentig gewährleistet sein!

Führen Sie dazu den Hund angeleint an eine Verleitung heran. Halten Sie die Leine so, dass der Hund keinen Fehler machen, also das Objekt seiner Begierde auf keinen Fall erreichen kann. Setzen Sie nun einmal klar und deutlich Ihr **Korrekturwort** ein. Warten Sie, bis Ihr Hund Sie anschaut. Belohnen Sie ihn hierfür üppig und entfernen Sie sich gemeinsam und mit Spaß von der Verleitung.

Achten Sie beim Einsatz des Kommandos darauf, es nicht zu wiederholen, auch wenn es anfänglich vielleicht etwas länger dauert, bis Ihr Hund Blickkontakt zu Ihnen aufnimmt. Bedenken Sie, dass er in Alltagssituationen später auch umgehend, also auf **das erste Kommando**, reagieren soll. Von Anfang an gibt es hier also keine zusätzliche Hilfestellung: Der Hund soll eigenständig herausfinden, was für ihn erfolgreich ist (nämlich der Blickkontakt mit Ihnen) und was nicht (die Handlungsabsicht, die er ursprünglich hatte).

Das Kommando AUS

Auf das Kommando AUS hin soll der Hund **umgehend alles abgeben**, was er gerade im Fang hat. Viele Hunde sträuben sich gegen das AUS, denn es ist für sie ein Verlustgeschäft. Dies ist der entscheidende Punkt, wenn Sie ein zuverlässiges und freudiges AUS-lassen trainieren möchten: Geben Sie Ihrem Hund das Gefühl, dass er bei

Bleiben Sie rechtzeitig vor der Verleitung stehen, um den Hund sicher vom Fressen abhalten zu können.

Belohnen Sie das Abwenden von der Verleitung mit einem sehr attraktiven Leckerchen.

der AUS-Übung etwas gewinnt statt etwas zu verlieren!

Das kann man anfangs leicht über ein banales **Tauschgeschäft** erreichen. Die Belohnung muss aus Hundesicht eine höhere Qualität haben als das, was Sie von Ihrem Hund bekommen möchten. Dann wird er sich gerne auf diesen Tauschhandel einlassen.

Leinen Sie für dieses Training Ihren Hund an, um von vornherein einen möglichen **Fehler zu unterbinden** – nämlich dass er sich mit dem Objekt, das Sie bekommen möchten, vor Ihnen zurückzieht oder gar nicht in Ihre Reichweite herankommt. Wählen Sie nun ein Trainingsobjekt, das Ihr Hund mag, das Sie aber qualitativ mit einem anderen toppen können. Günstig ist es, wenn dieses von der Form her dafür geeignet ist, dass Ihr Hund und Sie anfangs gleichzeitig daran festhalten: Sie mit der Hand und der Hund mit dem Fang.

Lassen Sie ihn nun (im Idealfall unter Einsatz des Spielkommandos, siehe Seite 62) das Objekt packen und dabei einen Moment gewähren. Er kaut vielleicht darauf herum oder zieht daran. Sagen Sie nun AUS und zaubern Sie Ihre supertolle Tauschbelohnung hervor. Geben Sie Ihrem Hund diese sofort, wenn er von dem Objekt ablässt. Um ein **Nachschnappen zu verhindern**, sollten Sie das Übungsobjekt sofort hinter Ihrem Rücken verbergen oder anderweitig verschwinden lassen.

Üben Sie dies **mit wechselnden Objekten** (Spielzeug, große Futterstücke wie Rinderohren und ruhig auch

Alltagsgegenstände, die der Hund Ihnen „geklaut“ hat) und an wechselnden Orten. Bauen Sie langsam Ihre Sicherheitsvorkehrungen (Leine, besonders hohe Qualität der Tauschobjekte), die Sie gegen das Misslingen der Übung schützen sollten, ab. Achten Sie darauf, dass der Hund auch auf lange Sicht stets ein gutes Gefühl in den Übungen beibehält. Geben Sie ihm also stets ein positives Feedback, wenn er Ihnen auf Ihr Kommando hin Dinge überlässt, die er ergattert hat.

Die Leine: lästig oder lustig?

An der Leine geführt zu werden, bedeutet für viele Hunde eine ungeliebte Einschränkung. Auch manch ein Hundehalter ist mit dieser vielerorts von Verordnungen vorgegebenen Verpflichtung keineswegs glücklich. Warum aber nicht einfach **aus der Not eine Tugend machen**? Ob die Leine eine lästige Einschränkung ist oder ein beliebtes Trainingshilfsmittel, haben Sie im wahrsten Sinne des Wortes selbst in der Hand!

Qualität zählt!
Achten Sie bei der Auswahl der Utensilien wie Halsband, Geschirr oder Kopfhalfter Ihrem Hund zuliebe stets auf eine bequeme Passform und auf Qualität. Das Material sollte breit, weich und möglichst gut gepolstert sein.

Üben Sie in kleinen Schritten zunächst das Anziehen des Kopfhalfters und dann das Lenken des Hundes. Setzen Sie in den Übungen besonders attraktive Belohnungen ein.

Sollte Ihr Hund jung und ungestüm oder die Leinenführigkeit generell noch nicht so gut trainiert sein, ist für Spaziergänge an der Leine der Einsatz von speziellen **Führungshilfen** zu empfehlen, um Unmut und Missstimmungen zwischen Hund und Mensch zu vermeiden. Dass die eingesetzten Hilfsmittel in der Anwendung schmerzfrei sind, sollte sich dabei von selbst verstehen! Dies ist bei Kopfhalftern (bitte nicht ohne sorgfältiges Gewöhnungstraining, siehe Seite 121) oder bei solchen Geschirren gegeben, bei denen die Leine vorne an einem Quergurt vor der Brust befestigt wird.

Diese Hilfsmittel dienen einem **entspannten Miteinander**, denn wenn man als Hundehalter von der Last entbunden ist, den Vierbeiner mit reiner Kraft führen zu müssen, steht einem angenehmen Spaziergang nichts mehr im Weg. Vergessen Sie nicht, den Hund zu loben, wenn er (mit oder ohne Hilfsmittel) ordentlich an der Leine läuft, denn das ist das erste Trainingsziel!

Wenn Sie ein höheres Ziel anstreben und für die Zukunft auf derartige Hilfsmittel verzichten möchten, ist es sinnvoll, auf einen strikten Wechsel von **„Arbeits- und Freizeitkleidung"** Ihres Hundes zu achten. Beispiel: Sie möchten, dass Ihr Vierbeiner später an einem Halsband gesittet läuft, wissen aber, dass er es noch nicht schafft, sich einen ganzen Spaziergang lang am Riemen zu reißen. Führen Sie ihn dann in Situationen, in denen Sie nicht üben (können oder möchten), mit einer der beiden erwähnten Führungshilfen (Kopfhalfter oder Quergurt-Geschirr mit vorderem Befestigungsring). Wechseln Sie aber in einer gezielten Trainingseinheit das Material, das heißt tauschen Sie die Führungshilfe gegen ein gut sitzendes Halsband aus. Arbeiten Sie nun intensiv an der **Leinenführigkeit**.

Mit einem solchen Geschirr kann man die Kraft des Hundes bremsen.

Tipp

Nutzen Sie die Leine auch zu anderen Übungen als nur bei der Leinenführigkeit – schließlich haben Sie dieses Utensil bei einem Abenteuerspaziergang immer dabei! Lassen Sie Ihren Hund die Leine beispielsweise in einer Suchaufgabe apportieren oder ein Stück weit tragen. Fordern Sie ihn auf, die Leine aufzuheben, wenn sie Ihnen heruntergefallen ist, oder benutzen Sie diese als kleine Hürde, indem Sie sie an einem Gegenstand befestigen und auf der anderen Seite halten oder zwischen zwei Gegenständen befestigen.

Belohnen Sie Ihren Hund für langsames Laufen an Ihrer Seite. Die Leine soll **locker durchhängen**. Beenden Sie die Übung, wenn Ihr Hund eine gewisse Strecke artig an der Leine gelaufen ist. Tauschen Sie nun wieder das Halsband gegen die „Freizeitkleidung" aus. Bei konsequentem Vorgehen wird das Halsband so zum **Signal für gute Leinenführigkeit**.

Der Feinschliff
Um festzustellen, wie gut sich ihr Hund führen lässt, können Sie eine sogenannte Expanderleine benutzen. Ihre Kontrollmöglichkeiten sind nun stark eingeschränkt.
Können Sie Ihren Hund dennoch souverän führen? Lässt er sich gut leiten?
Falls Sie Mängel erkennen, sind damit die nächsten Trainingsaufgaben vorgezeichnet.

Tipps rund um die Leine

- Wählen Sie die Leine anhand der Situation aus. Je länger sie ist, desto schlechter ist Ihre Kontrolle über den Hund.
- Die Leine sollte stabile aber leichte Karabinerhaken haben.
- Verweigern Sie an der Leine Spielkontakt mit Artgenossen, um unangenehmen Verwicklungen vorzubeugen.
- Befreien Sie Ihren Hund im Freilauf nicht nur von der Leine, sondern auch von Geschirr oder Kopfhalfter, gegebenenfalls sogar vom Halsband, um das Verletzungsrisiko einzudämmen.

Fußlaufen in Formvollendung

Formschönes Fußlaufen ist eine Handlung in höchster Konzentration. Der Hund sollte hierbei eng und parallel an Ihrer Seite sein und zu Ihnen hochschauen.

Dieses Ziel zu erreichen ist einfacher als Sie vielleicht annehmen, wenn Sie die Übungen **gut konzipieren**: Halten Sie die Übungseinheiten zunächst kurz, denn Fußlaufen ist für den Hund aufgrund der hohen Konzentration wirklich anstrengend. Setzen Sie wertvolle Belohnungen ein, damit Ihr Hund diese Übung als etwas sehr Positives abspeichern kann.

Entscheiden Sie sich zunächst für eine Seite – im Hundesport ist dies in der Regel links –, da der Hund mit dieser Übung ein Raumbild verknüpft. Trainieren Sie mit dem fortgeschrittenen Hund als Beschäftigungsmaßnahme aber auch die andere Seite. Weitere Abwandlungen für Profis sind das Rückwärtslaufen in der Fußposition oder enge Wendungen. All dies können Sie immer weiter generalisieren, indem Sie die Übungen mit und ohne Leine umsetzen. Fußlaufen ist also eine perfekte Übung für zwischendurch, die den Hund **geistig sehr stark fordert**!

Günstig beim Trainingsaufbau ist ein Start aus der Grundposition (siehe Seite 33). Lassen Sie Ihren Hund die Verknüpfung herstellen, dass er **immer in dieser Position neben ihnen bleiben** soll, egal wie und wohin Sie sich bewegen. Gehen Sie anfangs nur einen kleinen Schritt vor. Belohnen Sie Ihren Hund für das Mitgehen. Sollte das nicht sofort klappen, können Sie

Bei kleinen Hunden kann ein Nasen-Target zum Aufbau der Fuß-Übung eingesetzt werden.

ihm ein wenig Hilfestellung durch den Einsatz eines Lockmittels geben. Bauen Sie diese Hilfe aber schnell wieder ab, damit Ihr Hund in dieser Übung mitdenken muss.

Wiederholen Sie **die „Ein-Schritt-Fuß"-Übung** in verschiedenen Trainingsdurchgängen, bis dieser Schritt wirklich gut klappt, das heißt, der Hund in der Bewegung eng an Ihrer Seite bleibt und dabei Blickkontakt hält. Fügen Sie dann einen zweiten Schritt oder auch einen kleinen Winkel um etwa 45 Grad nach rechts oder links ein. Schulen Sie Ihren Hund darin, mitzulaufen und sich wie in der Grundstellung (nur diesmal nicht sitzend, sondern stehend) stets parallel neben Ihnen auszurichten.

Steigern Sie den Anspruch dann **in kleinen Einzelschritten**. Achten Sie aber stets darauf, die Fußlaufübung zeitlich nicht zu lang auszudehnen: Wenn Sie dann Aufhören, wenn alles gerade super klappt und der Hund hoch motiviert ist, erreichen Sie langfristig den schnellsten Lernerfolg.

Hinein ins Abenteuer

Ein Gassigang wird dann zum Abenteuerspaziergang, wenn er anregend gestaltet ist. Wählen Sie zum sinnvollen Zeitvertreib unterwegs Übungen, die **Kopf und Körper ansprechen**, um so Ihren Hund allumfassend auszupowern.

Um den Vierbeiner Abenteuer erleben zu lassen, sind Mutproben allerdings überflüssig. Durch eine gute Mischung zwischen **Spiel und (Ent-) Spannung** können Sie ihn voll und ganz auf seine Kosten kommen lassen. Dieses Vorgehen hat aber auch für Sie selbst Vorteile, denn Sie „ernten" einen glücklichen und ausgelasteten Partner auf vier Pfoten.

Welche Übungen gewählt werden, ist vom **Talent** des Hundes, seiner Gesundheit und den jeweiligen Vorlieben des Hund-Halter-Teams abhängig. Die meisten der im Folgenden vorgestellten Übungen sind nach Beschäftigungsfeldern gegliedert. Sie können auf jedem Spaziergang problemlos umgesetzt werden, da sie in Bezug auf den Schwierigkeitsgrad vielfältig veränderbar sind. Das im Einzelfall erforderliche Material ist außerdem unterwegs fast immer griffbereit.

Wichtig ist es (auch wenn es nicht bei jeder Übungsbeschreibung wiederholt wird), dass Sie Ihren vierbeinigen Trainingspartner **für gute Leistungen loben und belohnen**. So und durch das Gefühl, gemeinsam mit Ihnen als Team tolle Abenteuer zu bestehen, erhalten und fördern Sie seine Motivation!

Übungen zur Selbstkontrolle

Durch Selbstkontrolleübungen fördern Sie die Konzentration Ihres Hundes. Gleichzeitig lernt er auch ein **hohes Maß an Kooperation**, denn stets haben Sie in diesen Übungen die Zügel in der Hand. Da Ihr Vierbeiner die Lösungen selbst herausfinden soll, sind Selbstkontrolleübungen für ihn Kopfarbeit pur.

Selbstkontrolle kann auf den verschiedensten Ebenen Anwendung finden. Das immer gleiche Ziel ist, dass sich der Hund **freiwillig** Ihren Wünschen und Regeln anpasst.

Dabei kommt der Trainingsmechanismus zum Tragen, dass dem Hund ein Misserfolg ins Haus steht, wenn er sich unhöflich, impulsiv, gierig oder unkooperativ verhält. Die einzige Quittung, die er bekommt, ist: genau das nicht zu erreichen, was er erreichen wollte.

Alle Übungen zur Selbstkontrolle sind so aufgebaut, dass Sie dasjenige Detail **kontrollieren**, das der Hund gerne als Ziel erreichen möchte. Zum Training körperlicher Höflichkeit oder in spielerischen Konzentrationsaufgaben kann das beispielsweise Futter sein. In anderen Übungen ist es Spielzeug oder der Kontakt zu Ihnen. Im Alltag können es aber auch Dinge sein, wie etwa Hundefreunde zu treffen. In diesem Fall kontrollieren Sie die Freiheit, zu den Artgenossen zu laufen, und Sie entlassen Ihren Hund

Verlangen Sie Höflichkeit und Geduld von Ihrem Hund, auch wenn es um Leckerchen geht.

in den Freilauf, wenn er sich Ihren Wünschen (zum Beispiel Blickkontakt zu Ihnen aufzunehmen) angepasst hat.

In allen Selbstkontrolleübungen gilt: Ermahnen Sie Ihren Hund nicht, wenn er einen „Fehler" machen sollte. Warten Sie geduldig, bis er seine Strategie ändert. Lassen Sie ihn die „richtige" Lösung also wirklich **eigenständig herausfinden**. Sie werden erstaunt sein, wie schnell sich das Blatt wendet und Sie einen kooperativen vierbeinigen Partner bekommen, wenn Sie ihm Übungen zur Selbstkontrolle abverlangen. Konsequenz auf Menschenseite ist die einzige Voraussetzung für den Trainingserfolg.

Achtung: Sollte Ihr Hund eine niedrige Frustrationstoleranz aufweisen und in Frustrationssituationen aggressiv reagieren, sollten Sie zunächst auf Selbstkontrolleübungen verzichten, sondern das Tier einem tierärztlichen Verhaltenstherapeuten vorstellen. Dieser kann klären, ob ein derartiges Training (eventuell unter stärkeren Sicherheitsvorkehrungen) in Frage kommt oder nicht.

Höflichkeit beim Leckerchenfressen

Bieten Sie Ihrem Hund ein schmackhaftes Leckerchen an. Halten Sie es **mit den Fingern fest umschlossen**. Nehmen Sie augenblicklich die Hand auf Brusthöhe hoch, wenn Ihr Hund gierig nach dem Leckerchen schnappt und seine Zähne hierbei Ihre Hand berühren.

Sollte er in solchen Situationen springen, leinen Sie ihn vorher an und binden ihn mit der Leine an etwas fest, sodass Sie schnell aus dem Radius der Leine heraustreten können und er Sie nicht anspringen oder nach Ihrer auf Brusthöhe gehaltenen Hand schnappen kann. Warten Sie, bis er wieder **ruhig steht**, und starten Sie einen neuen Versuch. Verfahren Sie auf diese Weise solange, bis sich Ihr Hund höflich benimmt und das Futter annimmt, ohne Sie zu gängeln.

Startregeln für gemeinsame Ausflüge

Natürlich freuen sich die meisten Hunde, wenn sie merken, dass endlich der Spaziergang ansteht. Lassen Sie aber ruhig auch hier strenge Regeln walten und starten Sie nur, wenn Ihr Hund sich **ruhig und gesittet** benimmt und weder springt noch bellt.

Lassen Sie ihn bei hektischem Verhalten **ohne Ermahnung oder gar Strafe** auflaufen, indem Sie sich wieder gemütlich hinsetzen, sich eventuell sogar die Schuhe oder Jacke ausziehen und die Leine weglegen. Beschäftigen Sie sich selbst ruhig mit etwas anderem, um die Zeit zu überbrücken, die Ihr Hund braucht, um wieder Ruhe zu finden. Das kann durchaus einige Zeit dauern! Unternehmen Sie einen erneuten Versuch erst, wenn er wieder **ganz entspannt** ist.

Anfangs kann es passieren, dass Sie gleich mehrere Anläufe brauchen, um überhaupt das Haus zu verlassen. Lassen Sie sich nicht beirren und bleiben Sie **geduldig**. Und befreien Sie sich vollständig von einem möglicherweise vorhandenen schlechten Gewissen. Bedenken Sie: Die Hektik und Hysterie, die Ihr Hund an den Tag legt, sind **schlechte Angewohnheiten**, die nichts mit Freude zu tun haben. Es sind Erscheinungsformen von Stress. Bauen Sie diese Stressbaustelle in aller Ruhe ab. Ihr Hund wird Ihnen diese strenge Führung und Konsequenz danken, denn häufig im Zustand von hoher Erregungslage zu sein, ist nicht nur ein Trainingsproblem, sondern sogar ungesund für das Tier!

Genießen Sie nach erfolgreicher Einführung dieser Ruheregel einen entspannten Start in den Spaziergang beziehungsweise kombinieren Sie diese Übung eventuell mit der Selbst-

Bleiben Sie stur, auch wenn Ihr Hund gerne schneller raus gehen möchte. Nur so kann er die Übung lernen.

kontrolleübung an Durchgängen (siehe unten), falls sich auch hier ein **Hektikritual** in den Alltag eingeschlichen hat.

Selbstkontrolle an Durchgängen

Für manch einen Hund ist nicht die Vorbereitungsphase des Spaziergangs durch **Aufregung** bestimmt, sondern erst der Moment, in dem die Tür nach draußen geöffnet wird. Auch hier kann mehr Selbstkontrolle und emotionale Ruhe trainiert werden.

Setzen Sie auch diese Übung ohne Kommando um. Leinen Sie den Hund hierzu an und greifen Sie dann an die Türklinke. Sollte er versuchen, sich mit der Nase durch leicht geöffnete Tür zu schieben, wird diese nicht weiter geöffnet.

Verbleiben Sie in dieser Situation so lange, bis der Vierbeiner **ohne Ihren Einfluss** eine geeignete Idee entwickelt. Die meisten Hunde setzen sich wahlweise hin, schauen erwartungsvoll hoch oder gehen einen Schritt zurück. Wagen Sie dann einen zweiten Versuch.

Wiederholen Sie dieses Spielchen so lange, bis Sie die Tür kommentarlos öffnen können, ohne dass Ihr Hund direkt nach draußen stürzt. Gehen Sie dann mit einem Kommando (zum Beispiel KOMM MIT) gemeinsam mit ihm los.

Hinweis: Die Leine dient in dieser Übung als reine Sicherheitsmaßnahme, falls der Hund es doch einmal schaffen sollte, durch die Tür zu schlüpfen. Für die Übung selbst spielt sie keine Rolle. Vermeiden Sie daher jede Form von Manipulation an der Leine. Bedenken Sie: Sie kontrollieren in dieser Übung die Tür, nicht Ihren Hund!

In gleicher Art und Weise können Übungen zur Selbstkontrolle auch bei Treppenauf- oder -abgängen oder unterwegs beim Passieren von Absperrungen oder Laternen umgesetzt werden, wenn Ihr Hund zu schnell losrennen möchte oder sich für die „falsche" Seite entschieden hat. Lassen Sie ihn die Lösung des Problems stets selbst herausfinden, denn dann haben Sie schneller einen dauerhaften Erfolg. Hier ist für das Erreichen des Lernerfolgs einzig und allein Ihre **Konsequenz gefragt**!

Geduld und Konzentration

Legen Sie vor den Augen Ihres Hundes, **ohne ihm irgendein Kommando zu geben**, ein Leckerchen auf den Boden. In aller Regel wird der Hund versuchen, das Leckerchen sofort aufzunehmen. Sollte dies der Fall sein, nehmen Sie das Leckerchen sofort wieder auf (beziehungsweise lassen es zuvor erst gar nicht los). Sie stehen nun wieder aufrecht und halten das Leckerchen auf Brusthöhe in der Hand.

Starten Sie einen neuen Versuch. Wiederholen Sie dieses Spiel (wie gesagt: ohne Kommando oder Kommentar!) immer wieder, bis der Hund geduldig wartet und nicht mehr eigenständig an das Leckerchen herangeht. **Achtung**, hier ist Ihre Schnelligkeit gefragt, denn der Hund wird anfangs voraussichtlich versuchen, sich das Leckerchen zu nehmen.

Für den Abschluss der Übung, wenn der Hund das Leckerchen am

Boden liegen lässt, gibt es zwei Varianten: Entweder der Hund wird mit einem anderen, sehr attraktiven Häppchen aus Ihrer Hand belohnt, wenn er Blickkontakt zu Ihnen aufgenommen hat; das Trainingsleckerchen vom Boden wird aufgehoben und weggesteckt. Oder Sie geben ihm, wenn er geduldig ist und Blickkontakt aufgenommen hat, Ihr Einverständnis dafür (zum Beispiel mit dem Kommando NIMMS), dass er sich das Leckerchen selbst vom Boden nehmen darf.

Auch **Weiterentwicklungen** dieser Übung sind möglich. So können Sie zwei Leckerchen mit ausreichendem Abstand zueinander auf den Boden legen. Sollte der Hund versuchen, sich eines zu nehmen, werden beide Häppchen sofort kommentarlos aufgehoben und der Ablauf startet neu. Wenn er hingegen Blickkontakt zu Ihnen aufnimmt und die Leckerchen nicht anrührt, kann er aus der Hand belohnt werden.

Eine **weitere Steigerung** bietet folgende Möglichkeit: Zeigen Sie, wenn Ihr Hund sehr brav ist und Blickkontakt zu Ihnen hält, auf eines der am Boden liegenden Leckerchen. Geben Sie ihm das Kommando, dass er dieses (und zwar nur dieses!) fressen darf. Sollte er danach direkt zum zweiten Häppchen schwenken, heben Sie dieses ohne Kommentar vom Boden auf und starten die Übung neu.

Ihr Vierbeiner soll lernen, **nur genau das zu tun**, was Sie ihm erlaubt haben. Nach einigen Trainingsdurchläufen wird er dies verstanden haben, nur noch das „freigegebene“ Leckerchen fressen und danach wieder Blickkontakt zu Ihnen aufnehmen. Belohnen Sie diesen Blick wahlweise mit einer Belohnung aus Ihrer Hand oder indem Sie ihm die Erlaubnis erteilen, sich nun auch das zweite Häppchen vom Boden nehmen zu dürfen.

Geschafft! Ohne Kommando lässt der Hund das Leckerchen auf dem Boden liegen.

Ein noch höheres Maß an Führigkeit und Kontrolle erreichen Sie mit dieser **Übungsvariante**: Legen Sie wie oben beschrieben zwei Leckerchen auf den Boden, benutzen Sie aber unterschiedliche Qualitäten. Erlauben Sie Ihrem Hund, wenn er Blickkontakt zu Ihnen aufnimmt, sich das aus seiner Sicht weniger attraktive Leckerchen zu nehmen. Nimmt er es nicht, heben Sie das schmackhafte Leckerchen auf und stecken es weg. Lassen Sie eine kurze Zeit verstreichen und starten Sie dann neu.

Wenn Ihr Hund sich das unattraktive Leckerchen nimmt und danach noch einmal zu Ihnen Blickkontakt aufnimmt, können Sie ihm erlauben, nun auch das begehrtere zu fressen (oder Sie geben ihm eine besondere Belohnung aus der Hand). Sollte er

Ablenkungen standzuhalten muss geübt werden.

nach dem (erlaubten) Fressen des ersten Häppchens in einer Tour auch das andere, schmackhaftere abräumen wollen, heben Sie dieses schnell, aber kommentarlos, auf und starten den Ablauf neu.

Positionskontrolle

Auch in Bezug auf Positionskommandos kann Selbstkontrolle trainiert werden. Die hier beispielhaft mit der Position SITZ beschriebene Übung kann in gleicher Art mit allen anderen Positionen durchgeführt werden. Geben Sie Ihrem Hund das Kommando SITZ. Der Selbstkontrolle-Faktor der Übung kommt in der Art und Weise zum Tragen, **wie** Sie ihm die Belohnung geben. Achten Sie darum auf jedes noch so kleine Detail!

Bedenken Sie: Die Übung lautete SITZ, so dass Ihr Hund für das Sitzen, und zwar **nur für das Sitzen belohnt** werden soll! Das bedeutet, er darf nicht zappeln, bellen, nach dem Leckerchen schnappen, Männchen machen, mit einer Pfote nach dem Leckerchen angeln oder gar aufstehen. All dies sind Verhaltensweisen, die sehr häufig auftreten und aus **unangebrachter Gutmütigkeit** häufig übersehen und dadurch mitbelohnt werden.

Nähern Sie sich, wenn der Vierbeiner sich auf Ihr Kommando hin gesetzt hat, nun also mit der Belohnung der Hundeschnauze. Wenn Ihr Hund ruhig und geduldig **im SITZ bleibt,** bekommt er die Belohnung. Macht er allerdings auch nur den kleinsten Fehler, entziehen Sie ihm die Belohnung, indem Sie die Hand hochnehmen und das Leckerchen auf Brusthöhe halten. Warten Sie in dieser Stellung so lange, bis Ihr Hund **ohne erneutes Kommando** wieder SITZ macht, und wiederholen Sie den Vorgang.

Mitunter sind mehrere Übungsdurchgänge nötig, bevor er die erste Belohnung bekommt. Je strenger Sie sind, desto besser lernt er, was Sie wirklich von ihm möchten. Er begreift plötzlich Details der SITZ-Übung, die Sie zwar immer gemeint, ihm aber unter Umständen noch nie vermittelt haben! Und: Sie erscheinen ihm als wichtige **Führungspersönlichkeit**, weil Sie die Zügel in der Hand halten.

Selbstkontrolle bei Begrüßungen

Binden Sie Ihren Hund an einem festen Gegenstand mit der Leine so an, dass er einen Bewegungsspielraum von etwa einem halben Meter hat. Stellen Sie sich nun einige Meter abseits hin, beobachten Sie ihn aus den

Wenn der Hund zappelt, wird ihm – wie hier gezeigt – das Leckerchen entzogen.

Die „Lösung" für die Übung entwickelt jeder Hund in seinem eigenen Tempo.

Augenwinkeln. Warten Sie mit aller Geduld, bis er **eigenständig** Ruhe findet und eine Ruheposition, beispielsweise SITZ oder PLATZ, einnimmt. Kehren Sie nun als „Belohnung" zu ihm zurück. Achten Sie darauf, **Drohgesten zu vermeiden**, wenn Sie ihn streicheln wollen. Kraulen Sie ihn zum Beispiel unter dem Kinn, statt ihm über den Kopf zu streichen.

Achtung: Die Aufgabe des Hundes ist es, Höflichkeit und Ruhe bei der Begrüßung zu zeigen. Sollte es also passieren, dass er die von ihm selbst erwählte Ruheposition aufgibt, wenn Sie sich ihm nähern, gilt es, sofort einige Schritte zurückzutreten, ihn erneut aus den Augenwinkeln zu beobachten, bis er wieder Ruhe gefunden hat, und dann neu zu starten. Seien Sie auch in dieser Übung konsequent unnachgiebig, um Ihr persönliches Ziel zu erreichen.

Wenn Ihr Hund zu den wilden Hummeln gehört, werden Sie mehrere Durchgänge brauchen, bis eine **ruhige Kontaktaufnahme** gelingt. Binden Sie dann andere Familienmitglieder oder dem Hund vertraute Freunde in diese Übung ein.

Höflichkeit im Spiel

Beim ersten Durchgang dieser Übung ist der Hund angeleint und räumlich auf etwa einen Meter beschränkt angebunden. Animieren Sie ihn innerhalb seines Leinenspielraums zu einem Spiel. Unterbrechen Sie dieses sofort kommentarlos, wenn Ihr Hund unhöflich wird. Die Definition von Unhöflichkeit im Spiel ist ganz individuell, allerdings sind **Zugeständnisse nicht anzuraten**. Beispiele wären Hochspringen oder andere „Body-Checks", Schnappen, Kläffen etc.

Treten Sie im Falle eines solchen Höflichkeitsbruchs außer Reichweite des Hundes und warten dort auf sein „Angebot", sich wieder **gesittet zu verhalten** (siehe vorherige Übung Selbstkontrolle bei der Begrüßung). Sobald er für ein paar Sekunden Ruhe hält, kehren Sie zu ihm zurück und laden ihn erneut zu einem Spiel ein. Sollte er im Rahmen des Belohnungsversuchs (Rückkehr in den Spielradius) seine Ruheposition aufgeben, wiederholen Sie das „Time-Out" außerhalb seiner Reichweite, bis die Übung gelingt. Beenden Sie das Spiel mit einer attraktiven Belohnung für das Auslassen des Spielobjektes.

Selbstkontrolle als Rückrufspiel

Lassen Sie Ihren Hund in frontaler Stellung zu Ihnen SITZ machen. Gehen Sie zwei bis drei Schritte rückwärts und legen Sie dort ein Leckerchen vor sich auf den Boden. Rufen Sie nun Ihren Hund zu sich. Wenn er kommt, ohne auf das Leckerchen zu schauen, bekommt er von Ihnen eine attraktive Belohnung aus der Hand. Wenn er Blickkontakt zu Ihnen hält und **insgesamt Ruhe ausstrahlt**, können Sie ihm danach auch die Erlaubnis (NIMMS) erteilen, sich das Leckerchen vom Boden zu nehmen. Sollte Ihr Hund beim Herankommen, statt zu Ihnen zu schauen, das Leckerchen auf dem Boden anpeilen, heben Sie es auf und lassen ihn so einen **Misserfolg** erleiden (siehe Übung Geduld und Konzentration).

Fortgeschrittene können dieselbe Übung auch mit einer längeren Rückrufstrecke und mehreren Verleitungsleckerchen auf dem Boden umsetzen. Seien Sie aber auf der Hut, denn je weiter die Verleitungsleckerchen von Ihnen entfernt liegen, desto weniger Kontrolle haben Sie für den Fall, dass Ihr Hund einen Fehler macht.

Fressverleitungen ignorieren

Für diese Aufgabe sollte Ihr Hund schon **Erfahrung** mit den Übungen Geduld und Konzentration und dem Selbstkontrolle-Rückrufspiel haben. Lassen Sie ihn SITZ machen und legen Sie einige Schritte entfernt ein sehr attraktives Leckerchen aus.

Starten Sie die Übung zunächst mit dem angeleinten Hund. Gehen Sie mit einem „bedeutungslosen" Wort, das ihm keine spezielle Handlung ansagt (beispielsweise KOMM MIT), gemeinsam los. Steuern Sie in die Richtung des Verleitungsleckerchens. Sollte Ihr

Max wartet geduldig auf das Spielkommando.

Nach der Einladung ins Spiel ist auch Raufen und Zerren erlaubt.

Hund vorlaufen wollen, um sich das Leckerchen zu nehmen, bleiben Sie **kommentarlos** stehen. Halten Sie die Leine so kurz, dass Ihr Hund das Futter nicht erreichen kann. Achten Sie strikt darauf, hierbei nicht an der Leine zu rucken. Warten Sie in dieser Position so lange, bis Ihr Hund Blickkontakt zu Ihnen aufnimmt und belohnen Sie ihn dafür aus der Hand.

Heben Sie dann das **Verleitungsleckerchen** vom Boden auf und starten Sie die komplette Übung neu. Sollte Ihr Hund in der Nähe des Leckerchens (aufgrund seiner Vorerfahrungen mit den anderen Übungen) sofort Blickkontakt zu Ihnen aufnehmen, können Sie ihn wahlweise aus der Hand belohnen oder ihm die Erlaubnis erteilen, sich das Leckerchen vom Boden zu nehmen.

Setzen Sie diese Übung später auch bei zufällig auf dem Spaziergang gefundenen Leckereien um. Warten Sie auf den **braven „fragenden" Blick** und belohnen Sie diese Kooperationsbereitschaft Ihres Vierbeiners je nach Situation mit einem eigenen Leckerchen oder sogar mit der Erlaubnis, vom Boden zu naschen.

Die „Taschentuchübung"

Mit der „Taschentuchübung" können Sie trainieren, Ihren Hund zu Gegenständen zu schicken und dort eine bestimmt Position einzunehmen. Legen Sie dazu ein Tuch auf den Boden und lassen Sie Ihren Hund darauf zum Beispiel PLATZ machen. Belohnen Sie ihn zu Beginn schon für die **Berührung** des Tuchs. Lösen Sie dann die Übung auf. Entfernen Sie sich gemeinsam mit

In der Taschentuchübung ist Präzision gefragt.

Ihrem Hund ein kleines Stück vom Taschentuch und starten Sie neu. Das heißt, Sie gehen nun wieder ganz dicht zum Taschentuch und verlangen dort PLATZ.

Wiederholen Sie dies ungefähr zehn Mal in Folge. Führen Sie Ihren Hund dann wie gehabt bis zum Tuch hin, geben Sie ihm diesmal aber kein PLATZ-Kommando. Warten Sie, was geschieht. Wenn er ohne Ihre Aufforderung PLATZ macht, hat er sich einen **Jackpot verdient**! Üben Sie dies immer wieder, bis es ohne Zögern gelingt.

Dann ist Ihr Hund bereit für den **nächsten Trainingsschritt:** Starten Sie die Übung wie immer, aber bleiben

Gut gemacht! Die Belohnung sollte es anfangs beim Taschentuch geben.

Sie in einem Abstand von ungefähr 30 Zentimetern vor dem Taschentuch stehen. Warten Sie auch jetzt, was geschieht; geben Sie Ihrem Hund **keine Hilfestellung**! Er soll selbst die „richtige" Lösung finden. Belohnen Sie ihn mit einem Jackpot-Leckerchen, wenn er eigenständig weiter bis zu dem Tuch läuft und sich dort hinlegt.

Sollte er diese Idee innerhalb von etwa einer Minute (noch) nicht entwickeln, korrigieren Sie sein Verhalten nicht, sondern lösen die Übung auf und starten neu. Gehen Sie dabei einen kleinen Lernschritt zurück und zunächst wieder etwas näher zu dem Taschentuch hin, um einen **Erfolg zu ermöglichen**. Bauen Sie nach und nach die Übung aus, so dass Ihr Hund am Schluss auch aus einer gewissen Distanz eigenständig zum Tuch vorausläuft und dort PLATZ macht.

Wenn dieser Leistungsstand erreicht ist, Ihr Trainingspartner also genau verstanden hat, was zu tun ist, können Sie ein eigenständiges Kommando für dieses Schicken zu einem Objekt einführen. Zur **Generalisierung** kann diese Übung unter Umweltablenkung geübt, mit anderen Gegenständen trainiert oder mit weiteren Gehorsamsübungen (BLEIB, STEH oder SITZ statt PLATZ) kombiniert werden.

Spielen ist eine gute Schule

Hunde sind Rudeltiere und daher sozial ausgerichtet. Sie brauchen für Ihr Wohlbefinden engen Kontakt zu Sozialpartnern. Freundliche Begegnungen mit Artgenossen sind für alle gut sozialisierten Hunde ein besonderes **Highlight**. Die gemeinsame Zeit auf dem Spaziergang kann aber auch für Spiele zwischen Mensch und Hund genutzt werden.

Freundschaftpflege mit Artgenossen

Um **soziale Kompetenz** zu erlangen, ist vor allem für Welpen und Junghunde Kontakt mit fremden, aber verträglichen Artgenossen wichtig. Wenn Sie auf dem Spaziergang Hundefreunde treffen, können Sie Ihrem Hund eine Freude machen, wenn er mit ihnen im Freilauf toben gehen darf.

Profi-Tipp
Um auch in freien Spielkontakten mit Artgenossen für den eigenen Hund wirklich wie ein Chef und Gruppenleiter herüberzukommen, kann die Regel eingeführt werden, dass er nur nach einer brav absolvierten Bindungsübung (ein einfacher Blickkontakt zum Besitzer reicht) spielen gehen darf.

Im Spiel mit Artgenossen können Hunde **viel lernen**. Neben anderen sozialen Regeln wird im Spiel zwischen Welpen und Junghunden ungefähr bis zu einem Alter von einem halben Jahr die Beißhemmung geschult. Darüber hinaus ist Spielen immer auch Geschicklichkeits- und Fitnesstraining. Der Kontakt mit anderen Hunden ist also nicht nur reiner Spaß, sondern essentiell für eine **gesunde Entwicklung** von Körper und Geist.

Wenn man den Vierbeiner bei Treffen mit Artgenossen allerdings völlig sich selbst überlässt, wird selten etwas Optimales erreicht. Bedenken Sie: Nicht jeder Hund ist an solchen Kontakten interessiert. Hierfür gibt es die unterschiedlichsten Gründe, etwa hohes Alter, Krankheiten, Angst, schlechte Erfahrungen, unzureichende Sozialisation. **Klären** Sie deshalb vor einem Zusammentreffen mit dem anderen Halter, ob ein direkter Kontakt überhaupt erwünscht ist. Nehmen Sie andernfalls Rücksicht. Rufen Sie Ihren Hund dann zu sich, nehmen Sie ihn an die Leine und halten Sie Abstand.

Achtung: Den Hund nur anzuleinen, ist zwar eine einfache Möglichkeit der Kontrolle, aber keinesfalls die beste, denn der Hund ist dabei häufig gedanklich immer noch bei dem Artgenossen. Hieraus können Frustrationsprobleme entstehen, und das sollten Sie vermeiden! **Die Lösung** liegt darin, Ihren bereits angeleinten Hund auf sich zu konzentrieren (zum Beispiel auf eine Aufgabe, etwa das Fußlaufen oder eine Nasen-Target-Übung). Auf diese Weise können Sie ihn in der Situation **aktiv führen**. Und auch dem Hund macht es auf diese Weise Spaß, denn er kann für das gute Mitarbeiten Ihre Anerkennung und vielleicht auch eine Belohnung ergattern.

Hunde-„Dates“
Ihr Hund hat neue Freunde gefunden? Wie wäre es mit einer gezielten Verabredung mit dem anderen Hundehalter? Vielleicht hat auch sein Vierbeiner Lust auf Abenteuerspaziergänge und Sie können gemeinsam auf dem Spaziergang ein paar Übungen umsetzen.

Spiel oder Ernst? Diese Frage spielt eine wichtige Rolle bei den Sozialkontakten von Hunden. Spiel folgt bestimmten **Regeln**. Die Definition lautet, dass es sich dann um Spiel handelt, wenn alle Hunde, die gemeinsam rennen und rangeln, dabei Spaß haben. Keiner sollte ständig genötigt werden, Anzeichen von Angst zeigen oder aggressiv reagieren. Allerdings sind derartige Gesten, wenn sie nur wenige Sekunden lang auftreten, im Spiel auch durchaus normal. Geübt werden schließlich alle Gesten aus dem Verhaltensrepertoire.

Im Spiel werden zudem Gesten in übertriebener Art gezeigt. Ein weit

Höflichkeit ist eine Tugend! Für das Anrempeln…

…gibt es von der Spielfreundin eine Quittung.

Werden Hunde wie in diesem Beispiel mit viel Abstand zueinander geführt, fällt es leicht, den Weg ohne Störung fortzusetzen.

aufgerissenes Maul oder Knurren kann also durchaus **spielerisch gemeint** sein. Für ein ungeübtes Auge sieht das Ganze unter Umständen wild und „gefährlich" aus. Dies ist kein Grund zur Sorge! Zur Unterscheidung zwischen einem echten Spiel und Mobbing oder einem ernsten Streit zählt die mentale beziehungsweise emotionale **Grundstimmung** des Hundes in der jeweiligen Situation: Wenn alle locker sind, liegt das Spiel im grünen Bereich.

Hier ist also **genaues Hinsehen** gefragt. Unterbrechen Sie zu wildes Treiben durch Abrufen und eine Pause oder durch die Umsetzung einfacher Konzentrationsübungen, die Sie belohnen können. Entlassen Sie Ihren Hund nur dann (wieder) ins Spiel, wenn er fröhlich und locker ist.

Spiel mit Artgenossen – die Spielregeln

- Üben Sie vor allem mit einem noch ungestümen und jungen Hund, dass er erst dann zu Hundefreunden hinlaufen darf, wenn er Sie „um Erlaubnis gefragt" hat und Sie Ihr Einverständnis gegeben haben. Die Angucken-Konzentrationsübung ist hierfür gut geeignet (siehe Seite 17).
- Vermeiden Sie intensive Kontakte oder gar Spiel, wenn die beteiligten Hunde angeleint sind. Sehr schnell kann es dabei, durch die ungünstige Engesituation, zu Verwicklungen kommen. Das Resultat können Angst und Stress sein oder sogar Schmerzen, wenn Körperteile mit der Leine abgeschnürt werden – was gegebenenfalls in einen Streit münden kann.
- Wenn Freilauf möglich ist und die Tiere sich mögen, steht einem tollen gemeinsamen Spiel hingegen nichts im Wege. Trotzdem sollte immer ein Auge auf die Hunde geworfen werden. In hoher oder bei zunehmender Erregungslage steigt auch die Gefahr, dass ein Spiel kippt und es zu ruppig wird. Mobbing ist unter Hunden keine Seltenheit und kein Kavaliersdelikt! Beide Parteien lernen

hierbei etwas Unerwünschtes: Das Opfer erlebt Angst und wird scheu. Der Aggressor schult sich in unhöflichem Verhalten.

- Unterbrechen Sie daher zu wildes Spiel durch Übungen oder indem Sie den Kontakt beenden und mit Ihrem Hund weitergehen. Auf diese Weise kann er wieder „abkühlen".
- Achten Sie bei Hundebegegnungen immer auf das Ausdrucksverhalten aller beteiligten Vierbeiner. Sind sie sich freundlich gesonnen? Oder zeigt einer Anlauern oder drohendes Blickfixieren? Halten Sie Ihren Vierbeiner selbst von derartigen Unhöflichkeiten ab und helfen Sie ihm, wenn er sich einem solchen Hund nähern muss. In beiden Fällen ist es angebracht, ihn auf eine Übung zu konzentrieren, die er gut beherrscht und die ihm Freude macht.
- Um Streithammel sollte man generell einen großen Bogen machen, um den eigenen Hund nicht in eine Notlage zu bringen, in der er unerwünschtes Verhalten übt.
- Auch über die Nähe und Dauer einer Begegnung kann man etwaige Schwierigkeiten einschränken: Je mehr Platz die Tiere zur Verfügung haben und je kürzer der Kontakt andauert, desto geringer ist die Wahrscheinlichkeit, dass es zu Imponierverhalten oder gar einem Streit kommt.
- Auch wenn Ihr vierbeiniger Partner zur sozialverträglichen Sorte gehört, sollten Hundekontakte mit Bedacht ausgewählt werden. Durch ein entsprechend kluges Vorgehen unterstreichen Sie einmal mehr Ihre Souveränität.

Der Mensch als Spielkamerad

Lässt sich Ihr Hund gerne auf ein gemeinsames Spiel mit Ihnen ein? Dann können Sie ihm auf jedem Spaziergang durch eine Einladung dazu leicht eine **Freude** machen! Wann sind Sie das letzte Mal gemeinsam mit Ihrem Hund gerannt? Wann haben Sie um ein Spielobjekt „gekämpft" oder waren gemeinsam im Wasser? Keine Scheu! Ihr Hund wird es lieben!

Verlangen Sie von Ihrem Hund aber auch im Spiel, dass er sich an **Ihre Regeln** hält – schließlich soll es auch Ihnen Spaß machen! Nutzen Sie die Spielsituationen ganz konkret zum Training von „Höflichkeit" und Konzentration. Den besten Einstieg bieten hier Selbstkontrolleübungen (siehe Seite 47).

Wenn es ums Spielen geht, können sich Hunde je nach Charakter und Vorerfahrung für ganz unterschiedliche Dinge begeistern. Manche lieben Raufspiele, andere bevorzugen Nachlaufspiele, wieder andere stürzen sich mit Begeisterung in Such- oder Apportaufgaben. Natürlich können Sie die gemeinsame Zeit auf dem Spaziergang nutzen, um Ihren Hund Spaß bei seinen **Lieblingsaktivitäten** haben zu lassen. Mindestens genauso interessant ist es aber, ihn **an Neues heranzuführen**, um sein Geschick in diesen Bereichen schrittweise auszubauen.

Spiel mit Menschen – die Spielregeln

- Bedenken Sie beim Spiel mit Ihrem Hund die auch für Hundekontakte gültige Regel: Im Spiel sollten alle Teilnehmer gleichermaßen auf ihre

Kosten kommen und selbstverständlich unbeschadet bleiben.

- Verlangen Sie also von Ihrem Hund ein hohes Maß an Zurückhaltung, was Zerren an oder Schnappen in Kleidung oder Körperteile anbetrifft.
- Auch beim gemeinsamen Raufen bestimmen Sie das Maß der Wildheit. Hier gilt nämlich ebenfalls, dass mit zunehmender Erregungslage die Kontrollmöglichkeiten immer leichter versagen.
- Vermeiden Sie es, in Situationen, die vielleicht schon eskaliert sind, zu „streiten", wenn Ihr Hund nicht umgehend das Kommando befolgt. Setzen Sie lieber auf seine Selbstkontrolle, die Sie ihm in gezielten Übungseinheiten beibringen können.
- Bringen Sie Ihrem Hund die Regel bei, dass das Spiel stets erst nach einem Startkommando beginnt, zum Beispiel KÄMPFEN. Vor allem wenn Ihr Hund gerne wild tobt und Zerrspiele liebt, ist diese Regel wichtig. Denn wenn er gut gelernt hat, dass er erst auf Ihr Signal hin das Zerrspielzeug packen darf, ist es unwahrscheinlich, dass er einmal eigenmächtig ein „falsches Spielzeug" packt.
- Verlangen Sie von Ihrem Hund auch in Spielsituationen ein gewisses Maß an Konzentration, beispielsweise, indem er erst eine Gehorsamsübung absolvieren muss, bevor es losgeht. Laden Sie ihn dann mit dem Spielkommando zum Spiel ein.
- Achten Sie durch einen geschickten Wechsel zwischen Spiel und Konzentration darauf, dass er sich nicht in einen regelrechten „Amoklauf" hineinsteigert. In den Konzentrationsphasen kann er wieder abkühlen. Eine Eskalation der Situation wird dadurch effektiv vermieden. Die Spielaufregung stellt anfänglich eine starke Ablenkungssituation dar, so dass es mitunter gar nicht so leicht ist, eine Konzentrationseinheit einzuschieben. Üben Sie das Abkühlen daher immer wieder zwischendurch. Steigern Sie Ihren Anspruch aber erst nach und nach. Verlangen Sie zunächst zur Konzentration nur einfache Dinge, die Ihr Hund gut beherrscht und die ihm Spaß machen.
- Vermeiden Sie im Vorfeld Spielaktivitäten, die den Hund in eine hohe Erregungslage versetzen.

Handlangeraufgaben für den Hund

Natürlich macht es Hunden Freude, auf dem Spaziergang „Freizeit" zu haben. Sie lassen sich gerne von Gerüchen hierhin und dorthin tragen. Diese Zeit muss sein! Aber **nach dem „Hundezeitunglesen"** oder auch zwischendrin können Sie zu einer gemeinsamen Aktivität aufrufen. Übertragen Sie Ihrem Hund verschiedene Aufgaben, für die er in Zukunft zuständig ist. Derartige Handlangerjobs stehen bei Hunden hoch im Kurs, denn sie geben ihnen das Gefühl, wirklich **im Team** an einer zu erledigenden Arbeit teilhaben zu dürfen.

Aber auch für Sie springt etwas Gutes dabei heraus: Ihr Hund wird nach und nach **immer kooperativer** im Alltag. Wenn er erst verstanden hat,

Auch im Spiel ist Höflichkeit gefragt. Das AUS-Lassen ist eine Belohnung wert.

worum es geht und wie er sich eine Belohnung erarbeiten kann, wird er mit Feuereifer dabei sein! Je nach Größe, Alter und Rasseveranlagung verfügen Hunde dabei über ganz unterschiedliche Talente.

Bauen Sie die Übungen schrittweise auf und lassen Sie Ihren Hund mitdenken, denn dann sind sie schon in der ersten Lernphase echte **Langeweilekiller.** Eine Übersicht mit weiteren Beispielen finden Sie im Kasten auf Seite 65.

Leine angeben

Wenn Ihr Hund das Apportieren beherrscht, können Sie sich von ihm die Leine angeben lassen. Üben Sie dies nicht nur zu Hause, sondern auch zwischendurch auf dem Spaziergang. Die Leine können Sie dabei wie ein Spielzeug benutzen. Knoten Sie sie hierzu etwas zusammen, damit Ihr Vierbeiner sie leichter tragen kann. Später kann die Übung über weitere Details **erschwert** werden, indem er die Leine aus einer Tasche (oder zu Hause aus einem Schubfach) herausholen und Ihnen bringen muss.

Die Leine vom Boden aufzuheben und Ihnen zu reichen, ist ebenfalls eine **tolle Leistung**. Wenn Ihr Hund dies in Trainingssituationen beherrscht, ist es an der Zeit, ihm diese Aufgabe ganz zu übertragen. Greifen Sie nicht mehr selbst zur Leine, wenn Sie sie irgendwo abgelegt haben, oder bücken Sie sich nicht mehr, wenn sie Ihnen aus der Hand gefallen ist. Lassen Sie stattdessen Ihren vierbeinigen Helfer aktiv werden.

Zeigen Sie ihm Ihre Freude, wenn er alles richtig macht! **Anerkennung** zu bekommen, ist eine wertvolle Belohnung. Je öfter Sie Ihren Hund in solchen Situationen wirklich mitmachen lassen, umso enger ist er als Mitspieler in die Teamarbeit eingebunden.

Übungsaufbau: Präsentieren Sie Ihrem Hund die Leine zusammengeknotet als „Spielzeug". Belohnen Sie ihn zunächst für ein erstes kurzes Interesse. Verlangen Sie in den nächsten Durchgängen etwas mehr, beispielsweise ein kurzes Festhalten. Loben Sie Ihren Hund, wenn er die Leine in der Schnauze hält. Belohnen Sie ihn abschließend mit einem Futterstückchen für das Auslassen.
Lassen Sie nach einigen derartigen Durchgängen die Leine am Boden liegen. Animieren Sie Ihren Hund, Ihnen diese nun **selbstständig** zu reichen, indem Sie Ihre Hand in Richtung der Leine halten und sie aufmunternd öffnen und schließen. Belohnen Sie ihn mit einem Jackpot, wenn dies gelingt!

Erschweren Sie die Übung, indem Sie die Leine in den nächsten Trainingseinheiten nicht mehr so „maulgerecht" vorbereiten. Führen Sie das Kommando erst ein, wenn Ihr Hund schon eine **sichere Verknüpfung** mit der geforderten Leistung hergestellt hat.

Aufräumen macht Spaß!

Die Grundübung ist auch beim Aufräumen das Tragen. Geeignete Gegenstände lassen sich (leider) auf fast jedem Spaziergang finden und können hierfür ideal genutzt werden. Machen Sie es Ihrem Hund zur **Aufgabe**, auf Ihre Anweisung hin leere Plastik-

Sich die Leine anreichen zu lassen, ist eine hilfreiche Übung.

Profi-Tipp

Weitere Beispiele für Handlangerjobs im Rahmen eines Abenteuerspaziergangs:

- Apport von Schuhen, Schlüsseln, Handys, Mützen, Handschuhen etc. Tipp: Fortgeschrittene Hunde können für den Apport der unterschiedlichen Gegenstände jeweils eigene Kommandos (HANDY, SCHLÜSSEL etc.) lernen. So können Sie sich zielgerichtet Verschiedenes bringen lassen.
- Öffnen von Türen. Achtung: Diese Übung erfordert einen sehr präzisen Trainingsaufbau (ohne Generalisierung!), um spätere Probleme zu verhindern. Eine sichere Signalkontrolle ist erforderlich.
- Große Hunde können lernen, mit der Pfote oder der Nase den Kontakt bei berührungsabhängigen Ampeln zu drücken, wenn diese keinen Knopf, sondern eine größere berührungsempfindliche Oberfläche haben. Tipp: Am einfachsten ist diese Leistung über einen Target-Aufbau (siehe Seite 20) auszuarbeiten.
- Im Apportsektor gibt es jede Menge weiterer Möglichkeiten. Lassen Sie sich auf Ihrem Spaziergang alles anreichen oder tragen, was dafür infrage kommt. Aufsehen werden Sie gemeinsam erregen, wenn Ihr Hund auf einem kurzen Gang um den Block oder zum Kiosk Ihren Schirm, eine kleine Tasche, Ihre Zeitung oder die Brötchentüte trägt. Steigern Sie die Streckenlänge nur schrittweise, um die Übung immer mit Erfolg abschließen zu können. Loben Sie Ihren Hund, während er seinem Job nachgeht, mit der Stimme. An seinem Ausdrucksverhalten können Sie ablesen, wie viel Freude ihm diese Anerkennung macht. Belohnung nach Vollendung der Übung nicht vergessen!
- Auch das Tragen von Packtaschen (siehe Seite 85) oder die Einbindung in Sportaktivitäten (Seite 82) können Handlangerjobs werden.

flaschen aufzuheben und gleich bis zum nächsten Mülleimer zu tragen. Wer mag, kann diesen Job auch gleich mit einer Aufräumen-Übung verbinden, bei der der Hund den Gegenstand selbstständig in den Mülleimer (sofern ihm dies möglich ist) werfen soll.

Das Aufräumen ist einfach, wenn Ihr Hund gut auf das Kommando AUS reagiert. Halten Sie Ihre Hand dann so über die Öffnung der Mülltonne, dass der Gegenstand beim Ablassen des Hundes automatisch hineinfällt, wenn Sie ihn nicht auffangen. Bauen Sie diese Hilfestellung dann immer mehr ab, bis Ihr Hund die Gegenstände **eigenständig** in den Müll entsorgen kann. Weitere Kombinationen wären über die Übung VORAUS oder auch mit einer Suche und/oder Anzeige des jeweiligen Mülls möglich. Machen Sie Ihren Hund nun schrittweise mit unterschiedlichen Materialen vertraut, um ihn breitflächig einsetzen zu können.

Die Gesamtaufgabe besteht aus den Übungen „Apport" und „Aufräumen".

Der Alltag als Übungsfeld

Alltägliche Handlungen können manchmal ganz schön lästig sein! Aber manche davon gehören nun einmal zum **Pflichtprogramm** zwischen Hund und Mensch, zum Beispiel das Reinigen oder Abtrocknen des Hundes nach dem Spaziergang. Machen Sie aus der Pflicht eine Kür, indem Sie solche Situationen als Übungen ausbauen!

Pfoten abputzen

Wenn sie mit Ihrem Hund das **Pfotengeben auf Signal** trainieren, wird er gleich Freude an dieser Aufgabe entwickeln! Die Hinterläufe eigenständig anzugeben, dürfte dabei selbst für vierbeinige Profis eine Herausforderung sein. Mit dem Clicker kann aber auch das trainiert werden.

Übungsaufbau: Nehmen Sie ein attraktives Lockmittel so in die Hand, dass Ihr Hund es nicht nehmen, aber daran riechen kann. Halten Sie Ihre „Leckerchenhand" auf Höhe seiner Brust. Belohnen Sie auch schon ein erstes zaghaftes Pfoteheben und geben Sie ihm eine Jackpot-Belohnung, wenn er seine Pfote auf Ihre Hand legt.

Führen Sie dann ein Kommando ein. Sobald Sie das Pfotegeben mit Kommando abrufen können, verlangen Sie diese Leistung bei der Pfotensäuberungsroutine. Setzen Sie zu Beginn für gute Mitarbeit eine Qualitätsbelohnung ein.

Wenn erste Erfolge zu erkennen sind, können in diesem Rahmen **weitere Jobs** folgen. Soll Ihr Hund nach dem Spaziergang auch das Handtuch bringen (siehe Übungsaufbau Leine angeben 63)? Oder führen Sie, in Anlehnung an ein Verkehrstraining (siehe 88), die Regel ein, dass eine bestimmte (gut erkennbare) Schwelle im Haus beim Heimkehren nur mit sauberen Pfoten überschritten werden darf. Üben Sie hierzu auf dem „erlaubten" Terrain zuverlässiges Warten (BLEIB).

Reinlichkeit muss sein

Nach einem Abenteuerspaziergang ist ab und an auch eine echte „Hundereinigung" nötig. Machen Sie es ihrem Vierbeiner zur Aufgabe, dann selbstständig in die Wanne zu steigen. Eine kippsichere flache Wanne mit Wasser ist hierfür hervorragend geeignet. Sie können zur ersten Gewöhnung auch mit **„Trockenübungen"** starten. Überzeugen Sie in diesem Fall Ihren Hund zunächst davon, wie schön es ist, durch die Wanne zu laufen oder in ihr zu stehen.

Wagen Sie sich an die Komplettreinigung erst heran, wenn die Pfotenwaschung gut akzeptiert wird. Nehmen Sie sich dann einen großen Schwamm und reinigen Sie die Läufe und den Bauch. Als Letztes können auch Rute und Rücken eingeschlossen werden. Der Einsatz eines Wasserschlauchs oder die Dusche sind ein **Programm für Profis**!

Als Belohnung für seine Geduld kann sich ein schönes Rennspiel anschließen, wenn das Wetter warm ist und das Fell an der Luft trocknen soll. Ansonsten könnte ein Apport des Handtuchs das Ganze abrunden.

Tipp
Wenn es um die notwendige Reinigung geht, sind wasserscheue Hunde wesentlich leichter vom Spaß an der Sache zu überzeugen, wenn man warmes Wasser benutzt.

Naseweise Späße

In puncto Riechen können Sie Ihrem Hund nichts vormachen. Lassen Sie ihn sein Talent beweisen! Obwohl der **Geruchssinn** eines Hundes von Geburt an gut entwickelt ist, steckt durchaus einiges an Trainingsarbeit dahinter, ihm beizubringen, unter Kommando definierte Dinge aufzuspüren und gegebenenfalls anzuzeigen oder zu apportieren. Den meisten Hunden machen derartige Aufgabenstellungen sehr viel Spaß.

Im Training ist es immer wieder faszinierend, zu sehen, zu welchen **erstaunlichen Nasenleistungen** Hunde imstande sind! Je nach Rassetyp weisen sie dabei unterschiedlich ausgeprägte Talente auf. Selbst Vertreter kurznasiger Rassen, die beim Suchen im Vergleich zu langnasigen Artgenossen im wahrsten Sinne des Wortes den Kürzeren ziehen, können dabei fast zu „Nasenprofis" heranwachsen. Bei den jeweiligen Übungen werden Sie schnell merken, ob das Niveau der Leistung Ihres Vierbeiners entspricht und können es jederzeit entsprechend anpassen. Der **Spaß** an der Aufgabe sollte **im Vordergrund** stehen!

Spielerische Schleppfährte

Binden Sie ein geruchsintensives Leckerchen an ein Band und ziehen Sie es über den Boden, während Ihr Hund wartet. Wenn er im Gehorsamstraining schon fortgeschritten ist und solch einer Verleitung standhält, können Sie das **Warten auf Kommando** (SITZ, PLATZ, STEH oder BLEIB) verlangen. Andernfalls binden Sie ihn während der Fährtenvorbereitung an einem festen Gegenstand an.

Anfangs darf er Ihnen beim Ziehen der Fährte ruhig zusehen. Legen Sie dann das Leckerchen am Ende Ihrer Fährtenstrecke (ohne Band) ab. Kehren Sie zu Ihrem Hund zurück und lassen Sie ihn loslegen. Sollte er schon ein Kommando für Suchaufgaben kennen, können Sie ihm damit den Startschuss geben. Andernfalls fügen Sie das Kommando erst ein, wenn Ihr Vierbeiner schon einige Fährten erfolgreich absolviert und somit Gefallen an dieser neuen Herausforderung gefunden hat.

Sollte er, während er Sie bei den Fährtenvorbereitungen beobachtet, an der Leine ziehen oder auf die Spur drängen, sollten Sie ihn nicht korrigieren. Nutzen Sie diese **starke Motivation** für einen gelungenen Einstieg in die Arbeit.

Einfacher als oben beschrieben, ist diese Übung mit einer Hilfsperson umzusetzen, die die Fährte legt. Sie halten in diesem Fall den Hund an der Leine (im Idealfall in einem Geschirr) und lassen ihn bei den Vorbereitungen zusehen. Wenn Ihr Hund Freude an dieser Beschäftigungsübung gefunden hat, können der **Anspruch gesteigert** und längere Schleppfährten (natürlich auch außer Sicht des Tieres) gelegt werden.

Naseneinsatz am Holzstapel

Lassen Sie Ihren Hund vor einem großen Holzstapel, wie Sie ihn in vielen Wäldern am Wegrand finden, SITZ (BLEIB) machen. Entfernen Sie sich ein Stück von ihm und **verstecken** Sie dann **mehrere interessante Futterstückchen** in verschiedenen Zwischenräumen des geschichteten Holzes jeweils nah am Rand, damit der Hund sie erreichen kann. Überschreiten Sie anfangs mit der Versteckhöhe nicht seine Nasenhöhe. Kehren Sie nun zu ihm zurück und lassen Sie ihn mit einem entsprechenden Kommando (zum Beispiel SUCH) die Suche starten.

Wenn er die Übung gut verstanden hat, kann sie weiter erschwert werden. Täuschen Sie ihn beim Verstecken der Belohnungsstückchen und greifen Sie auch hierhin und dorthin, so dass er wirklich seine Nase benutzen muss und sich nicht nur durch genaues Hinschauen die Stelle merkt, an der Sie waren. Lassen Sie ihn später auch außer Sicht warten und schicken Sie ihn **aus der Distanz** in seine Suchaufgabe. Für fortgeschrittene Hunde kann das Leckerchen auch so ausgelegt werden, dass es für sie nicht erreichbar ist und sie es **anzeigen** sollen. Auch eine Übungsgestaltung mit einem Gegenstand statt eines Leckerchens ist möglich.

Als Anfänger kann der Hund zunächst beim Ziehen der Schleppfährte zusehen, bevor er selbst mit dem Suchen loslegen darf.

Ziel beim Anzeigen ist, dass der Hund nah an den Suchgegenstand herangeht und durch seine Körperhaltung den Fund meldet.

Tipp
Wenn kein Holzstapel zur Verfügung steht, kann man die Leckerchensuche auch in einer hochgewachsenen Wiese, im Laub, Sand oder Schnee praktizieren.

Für Profis: Geruchsunterscheidung

Lassen Sie Ihren Vierbeiner in das Arbeitsleben eines **Spürhundes** der Polizei buchstäblich hineinschnuppern und bringen Sie ihm zum Spaß die Basisübung der Geruchsunterscheidung bei. Wenn sie gut aufgebaut ist, kann Ihr Hund später auf dem Spaziergang Gegenstände suchen, die den Geruch tragen, den Sie ihm ganz **individuell** angeben.

Dies ist eine echte Aufgabe für Profis und deutlich anspruchsvoller als eine einfache Verlorensuche (siehe Seite 73), bei der der Hund je nach Trainingsaufbau manchmal nicht mit der Nase, sondern mit den Augen sucht. **Achtung:** Für diese Übung muss vorbereitetes Material zur Hand sein. Sie benötigen eine Rolle kleiner Plastiktüten oder mehrere leere und saubere Dosen (Glas oder Plastik).

Übungsaufbau: Suchen Sie sich eine ruhige Situation ohne große Ablenkung. Stecken Sie in eine Dose ein schmackhaftes Leckerchen und ein gleichartiges in eine der Tüten. Achten Sie darauf, dass Sie weder die anderen Dosen noch die anderen Tüten mit den Händen berühren, nachdem Sie das zur Suche eingesetzte Futter angefasst haben, denn sonst kann Ihr Hund die Aufgabe nicht erlernen!

Bauen Sie nun zunächst eine **Verknüpfung zum zu suchenden Geruch** auf. Lassen Sie hierzu den Hund an der befüllten Tüte riechen und belohnen Sie sein Interesse. An dieser Stelle kann im Training auch ein Anzeigeverhalten (siehe Seite 75) mit aufgebaut werden, wenn dies später im Einsatz der Übung erwünscht ist.

Weisen Sie Ihren vierbeinigen Schnüffler nun an, Ihnen die Dose mit dem fraglichen Geruch, also dem Leckerchen, anzuzeigen. Hierzu sollte er gegebenenfalls auch an den anderen Dosen schnüffeln, um **sich seiner Sache sicher zu sein**. Belohnen Sie Ihren Hund umgehend, wenn er Ihnen (sei es per Zufall oder absichtlich) die richtige Dose anzeigt.

Achtung: Geben Sie ihm keinerlei Feedback, wenn er zu einem falschen Objekt läuft. Ignorieren Sie auch eine falsche Anzeige. Korrigieren Sie ihn nicht und rufen Sie ihn nicht ab. Sollte

Hier nimmt der Hund die Geruchsinformation für die Suchaufgabe auf.

Gerüche wechseln
Beim Training der Geruchsunterscheidung sollten Sie die Gerüche wechseln, wobei selbstverständlich die Kopplung (Geruch aus der Tüte = anzuzeigender Geruch) stets gegeben sein muss. Verwenden Sie zunächst nur Gerüche, die bei Ihrem Hund hoch im Kurs stehen – das sorgt für hohe Motivation!

die Übung misslingen, lassen Sie ihn ohne die kleinste Regung Ihrerseits so lange arbeiten, wie er möchte und notfalls das Ganze eigenständig erfolglos beenden. Gestalten Sie in diesem Fall die Aufgabe beim nächsten Mal einfacher, indem Sie ihm nur zwei Geruchsalternativen anbieten, das heißt eine „richtig" befüllte Dose und eine leere oder mit anderem Inhalt befüllte Dose. Trainieren Sie, bis Ihr Hund **zuverlässig** die Dose mit dem zu suchenden Geruchsstoff ausmacht.

Setzen Sie mit dem **fortgeschrittenen Hund** die Übung beispielsweise mit Taschentüchern fort. Lassen Sie dafür eine Hilfsperson zwei Taschentücher eine Zeit lang in der Hand halten. Verstauen Sie dann eines in der Tüte und eines in einer der Dosen. Lassen Sie Ihren Hund an der Tüte wie gewohnt den Geruch aufnehmen und die richtige Dose anzeigen. Wenn Ihr Hund das beherrscht, ist er schon ein echter Spürhund.

Für den Einsatz auf dem Spaziergang kann diese Übung nach Bedarf **abgewandelt** (generalisiert) werden und der zu suchende Geruch nun frei und nicht mehr in einer Dose präsentiert werden. Ein gutes Anzeigeverhalten ist hierfür Voraussetzung.

Achtung: Die in dieser Übung verwendeten Dosen und Tüten müssen immer optimal gereinigt und geruchsneutral vorbereitet sein. Wenn es zu Geruchsüberschneidungen kommt (beispielsweise, indem man mit der Hand, mit der man den zu suchenden Geruch angefasst hat, versehentlich eine „falsche" Dose berührt), kann Ihr Hund die Aufgabenstellung nicht bewältigen – geschweige denn im Trainingsaufbau überhaupt verstehen!

Schnüffelspaß
Denken Sie sich in die Geruchswelt Ihres Hundes ein und lassen Sie ihn seine Aufgabenstellungen wirklich eigenständig bewältigen. In Geruchübungen hat Ihr Hund die Nase vorn!

Für die Verlorensuche sollte anfangs eine kurze Distanz gewählt und das Objekt gut sichtbar platziert werden.

Ideen für Apportierkünstler

Aufgaben aus dem Bereich Apportieren sind eine hervorragende Möglichkeit der Beschäftigung unterwegs. Für viele Hunde zählen sie sogar zu ihren Lieblingsaufgaben.

Apportieren leicht gemacht

Grundsätzlich kann jeder Hund das Apportieren lernen. Gehen Sie **schrittweise** vor, wenn die Übung neu ist (siehe auch Seite 62).

Lassen Sie Ihren Hund zunächst einen positiven Bezug zu dem zu apportierenden Gegenstand herstellen. Sie können hier ruhig auf seine Vorlieben (Art und Härte des Materials, Geruch, Größe) eingehen. Zäumen Sie das Pferd dann von hinten auf. Das heißt: Üben Sie erst das Abgeben, dann das Halten, danach das Aufheben sowie das Bringen und zuletzt das Suchen. Auf diese Weise weiß Ihr Hund von Anfang an, wie die Übung abgeschlossen werden muss.

Vermeiden Sie zunächst schwierige Aufgabestellungen, etwa weite Würfe, denn sonst kann es sein, dass Ihr Hund nur einen Teil der Aufgabe erledigt, beispielsweise losrennt, den Gegenstand vielleicht auch sucht, findet und aufnimmt, aber nicht bringt. Lassen Sie ihn stattdessen lieber **erst Sicherheit** darin finden, wie toll es ist, Ihnen den Gegenstand abzuliefern, bevor Sie mehr verlangen!

Zollen Sie Ihrem Vierbeiner immer ein hohes Maß an Aufmerksamkeit, wenn er Ihnen Dinge bringt, denn so halten Sie die **Bereitschaft** zum und die Freude am Apportieren am Leben. Dies gilt auch für Dinge, die Sie als ungeeignet einstufen. Lassen Sie sich diese Gegenstände dann abgeben und bieten Sie dem Hund eine passendere Alternative oder konzentrieren Sie ihn auf eine andere Übung. Teilen Sie ihm also immer mit, was sie sehen wollen, statt ihm (nur) zu sagen, was nicht.

Die Verlorensuche

Für alle apportierfreudigen Hunde ist die Verlorensuche eine prima Aufgabe! Lassen Sie als Vorbereitung während des Spaziergangs unauffällig einen dem Hund zunächst möglichst **gut vertrauten Gegenstand** fallen und gehen Sie fünf bis zehn Schritte weiter. Rufen Sie dann Ihren Vierbeiner zu sich heran, richten sich mit dem Blick in Richtung des „verlorenen" Gegenstandes aus und lassen Sie ihn in die Grundstellung kommen. Schicken Sie ihn mit einem Sichtzeichen zurück.

In den ersten Übungen sollte der Suchgegenstand **gut sichtbar** auf dem Weg liegen. Später kann die Übung durch mehr Distanz zum Gegenstand oder eine weniger auffällige Position auf dem Weg erschwert werden. Wenn Sie das Apportiertraining systematisch aufgebaut haben, wird er sofort wissen, worum es geht, und Ihnen den Gegenstand bringen.

Generalisieren Sie die Übung dann, indem Sie Gegenstände einsetzen, die Ihrem Hund nicht als Apportgegenstand vertraut sind, die aber Ihren Geruch tragen – wie etwa Schlüssel, Handschuhe, Taschentuchpäckchen.

Einen vergrabenen Gegenstand im Sand zu finden ist etwas für den fortgeschrittenen Hund.

Wenn Sie den Hund auch Dinge suchen lassen möchten, die einen fremden Geruch tragen, ist die Basis dafür ein gutes Geruchsunterscheidungstraining (siehe Seite 70).

Anzeigen mit SITZ oder PLATZ

Stellen Sie für Ihren Hund (beispielsweise über einen attraktiven Geruch) einen Bezug zu einem Objekt her. Belohnen Sie ihn ein paar Mal, wenn er an dem Objekt schnüffelt. Klemmen Sie nun diesen Gegenstand irgendwo so fest, dass der Vierbeiner ihn auch mit allem Kratzen und Zerren weder zerstören noch dort wegbekommen kann.

Animieren Sie ihn nun **über Ihre Körpersprache**, loszulegen: Lassen Sie ihn sich dem Objekt nähern. Geben Sie ihm maximal in den ersten fünf Durchgängen eine Hilfestellung, indem Sie ihm die gewünschte Endhaltung ansagen. Später soll er diese Position spontan zeigen.

Belohnen Sie Ihren Hund umgehend, wenn er die gewünschte Position eingenommen hat. Eine besonders schnelle und saubere Verknüpfung zu seiner Suchaufgabe erreichen Sie, wenn Sie den Hund **mit dem Objekt belohnen**, also indem Sie damit ein gemeinsames Spiel starten, oder ihm aus dem versteckten Futterbeutel heraus ein Leckerchen zustecken.

Der Hund kann lernen, unterschiedliche Gerüche mit je einem speziellen Verhalten anzuzeigen.

Profi-Tipp

Beim Training eines Anzeigeverhaltens ist es sehr wichtig, so früh wie möglich die Hilfestellung, also das Signal für die gewünschte Anzeigehaltung, abzubauen. Denn Sie werden sich später nur dann auf die Zuverlässigkeit Ihres Hundes verlassen können, wenn er hundertprozentig die Verknüpfung hergestellt hat, dass er am Objekt diese Endposition einnehmen soll. Das bedeutet: Das Objekt ist quasi das Signal für die Endhandlung, also sich hinzusetzen oder hinzulegen.

Zum Aufbau einer zuverlässigen Leistung ist es darum die bessere Alternative, von Anfang an lieber spontan gezeigtes Anzeigeverhalten zu verstärken. „Erkaufen" Sie sich die Spontanhandlung über die Art, wie Sie das Suchobjekt positionieren: Wenn das Objekt über Kopfhöhe des Hundes befestigt wird, ist SITZ als spontane Reaktion sehr wahrscheinlich. Wenn der Hund mit der Schnauze tief am Boden ist, liegt die PLATZ-Position als erste Option näher.

Achtung: Wenn nicht mit dem Clicker gearbeitet wird, ist es für einen schnellen Lernerfolg zu empfehlen, dass der Hund bis zu seiner Belohnung in der Endposition (SITZ oder PLATZ) verharrt. Erinnern Sie ihn notfalls daran oder starten Sie neu. Wiederholen Sie die Übung solange, bis er eigenständig die gewünschte Position einnimmt, sobald er das Objekt gefunden hat. Nun hat er sich einen Jackpot und eine Trainingspause zur Entspannung verdient!

Arbeiten Sie in den nächsten Trainingsdurchgängen weiter an der **Zuverlässigkeit der Verknüpfung** und bauen Sie, wenn alles gut gelingt, in kleinen Schritten die „Hilfe", also das Sichern/Festklemmen des Objektes, ab. Am Schluss liegt noch die Herausforderung, dass der Hund Ihnen über seine Körperposition das Suchobjekt anzeigt – es aber nicht eigenständig aufnimmt!

Wenn Ihr Hund ein Anzeigeverhalten gelernt hat, können Sie sämtliche Suchaufgaben über diese Variante, also **statt des Apports**, aufpeppen. Nur zum Spaß kann das Anzeigeverhalten auf dem Spaziergang wie bei einem Hütchenspiel (vielleicht im Wettkampf mit anderen Hundefreunden) umgesetzt werden. Lassen Sie Ihren Vierbeiner sein Talent unter Beweis stellen!

Aber auch **im Ernstfall** macht sich das Training bezahlt, wenn Sie nämlich wirklich einmal etwas verloren haben, das Ihr Hund nun suchen und anzeigen kann. Die Voraussetzung dafür, dass Ihr Hund auch fremde Gegenstände anzeigt, wäre ein Training zur Geruchsunterscheidung (siehe Seite 70).

„Gesunde" Übungen für zwischendurch

Auch die Geschicklichkeit Ihres vierbeinigen Begleiters können Sie in Form von kleinen Spaßübungen trainieren. Diese sind gesünder und damit wertvoller als es zunächst scheinen

Solch ein Stamm ist eine tolle Herausforderung zur Schulung der Geschicklichkeit.

mag, denn über die Schulung körperlicher Geschicklichkeit erfährt der Hund mehr über sich selbst. Er entwickelt ein **besseres Körpergefühl**. Dies dient seinem Wohlbefinden, denn sein inneres Sicherheitsgefühl wird gestärkt. Es ist für ihn wichtig zu wissen, wozu er in der Lage ist.

Bei Feinheiten von Bewegungsabläufen, für die mehr Geschick gefordert ist, kommt dies besonders zum Tragen. Speziell bei Hunden **großwüchsiger Rassen** besteht hier häufig ein Defizit.

Sie werden erstaunt sein, wozu ein Hund in der Lage ist, wenn Geschicklichkeitsübungen mit auf dem Trainingsplan stehen und in kleinen Schritten daran gearbeitet wird! Legen Sie aber **keinen falschen Ehrgeiz** an den Tag, denn die Aufgaben sollen bei Ihrem Trainingspartner nie das Gefühl von Überforderung auslösen.

Achten Sie auf ein **konzentriertes Mitarbeiten**, denn bei Nachlässigkeit steigt das Verletzungsrisiko. Wenn an Gegenständen trainiert wird – besonders bei Sprüngen – sollte der Hund keine Leine tragen, denn zu leicht kann er hängen bleiben. Gleiches gilt für ein Geschirr oder ein sehr locker sitzendes Halsband.

Unter dem **Gesundheitsaspekt** betrachtet, ist in den Übungen Geschwindigkeit weniger gefragt als eine saubere Ausführung der Bewegungen. Verleiten Sie den Hund am besten erst gar nicht dazu, schnell zu sein.

Vorsicht ist hier auch beim Einsatz von Lockmitteln geboten. Wenn diese sehr interessant sind, richtet der Hund seine ganze Konzentration darauf und weniger auf das, was er gerade tut. Um derartige Probleme zu umgehen, können Sie die Geschicklichkeitsübungen statt über einen Start mit Locken auch über das freie Formen mit dem Clicker erarbeiten (siehe Seite 11). Dies erfordert von Ihrem Vierbeiner viel Denkleistung, sodass dieser Ansatz eine besonders effektive Art der Beschäftigung darstellt.

Die folgenden Übungsvorschläge stellen lediglich **Beispiele** dar. Wenn Sie auf der Spaziergangsrunde die Augen offen halten, werden Sie sicherlich viel mehr attraktive Möglichkeiten finden.

Die Koordination trainieren

Schulen Sie das **Körpergefühl** Ihres Hundes ganz gezielt mit Koordinationsübungen! Gehen Sie in Gedanken Ihre Spazierstrecke durch. Wo könnten Sie derartige Aufgaben gut umsetzen? Im Wald zum Beispiel gibt es in der Regel eine Fülle von geeigneten Orten.

Koordinationsübungen zeichnen sich dadurch aus, dass der Hund **Balance und Trittsicherheit** trainiert. Sie können mit und ohne Material umgesetzt werden. Der Klassiker mit Material wäre ein Stangenlabyrinth. Der Hund soll hierbei durch die Stangenbahnen geführt werden, ohne die Hölzer zu berühren. Er muss seine Pfoten ganz bewusst setzen und bei den Wendungen eine **gute Rumpfbeweglichkeit** nach rechts und links aufweisen. Auf dem Spaziergang wäre eine Stelle im Wald, an der größere und kleinere Äste auf dem Boden liegen, für die Umsetzung geeignet. Äste statt Stangenbahnen: Der Aufgabe tut das keinen Abbruch!

Lassen Sie den Hund zur Förderung der Koordination auch einmal über einen kleinen Baumstamm springen oder unter Ästen hindurchkriechen. Animieren Sie ihn außerdem zur **Gewichtsverlagerung:** Hierbei soll er wahlweise nur mit den Vorder- oder den Hinterpfoten auf einem kleinen Podest (etwa einem Stein oder einem Baumstamm) stehen. Nun beansprucht er vermehrt die Läufe, die noch auf dem Boden stehen. Die Höhe sollte dem Gesundheitszustand Ihres Hundes angepasst sein. Ein toller Trainingseffekt wird schon mit ganz geringer Höhe (fünf Zentimeter!) erreicht!

Noch mehr Koordination erfordert es, wenn der Hund sich **in dieser Haltung weiterbewegen** muss, etwa wenn er an dem Hindernis, aufwärts oder abwärts „stehend" eine Runde beschreibt. Oder wenn er jeweils mit einem Vorder- und Hinterlauf der gleichen Körperseite auf dem kleinen Podest steht und die Übung seitlich „schräg" absolviert.

Für das Laufen auf unebenem Gelände ist eine gute Koordination erforderlich.

Ein anderes Beispiel „mit Hilfsmaterial“ wäre das Stehen oder Gehen **auf einer Luftmatratze**. Dies ist schon am Boden eine kleine Herausforderung – im Wasser ist es etwas für Profis! Bei einem gemeinsamen Badeausflug kann die Luftmatratze also für Mensch und Hund gleichermaßen als „Spielzeug“ zum Einsatz kommen.

Auch das Balancieren auf einem dünnen Stamm oder Mäuerchen ist im Rahmen der Koordinationsförderung eine schöne Aufgabe. Vor allem **Wendungen** auf solchen „Laufstegen“ sind kompliziert.

Ähnliches gilt für Übungen ohne Material. Trainingsbeispiele sind alle Varianten des **Pfötchengebens**. Die Hinterläufe sind dabei als Übungsdetail wesentlich anspruchsvoller! Lassen Sie Ihren Hund, wenn er zu den Fortgeschrittenen gehört, „dreibeinig“ auch ein paar Schritte laufen, denn dieses Kunststück ist ebenfalls ein tolles Training der Koordination. Weitere Beispiele für Koordinationsübungen sind das seitlich versetzte Laufen (hier kann sich der Übungsaufbau aus der Grundstellung beziehungsweise dem Fußlaufen ergeben), das Rückwärtsgehen oder Kreisbewegungen um die eigene Achse.

Sprünge wagen!

Wählen Sie beim Springen anfangs oder bei eingeschränkter Gesundheit des Hundes einen Gegenstand mit

Die Hand als Target dient der Führung.

nur geringer Höhe aus. Animieren Sie Ihren Vierbeiner, über diese kleine Hürde zu springen. Achten Sie auf genügend Platz hinter dem Objekt, damit er seinen Schwung gut abfedern kann! Binden Sie nach und nach das Schicken (Seite 94 ff.) mit ein, so dass Sie ihn auch **aus einer Distanz** über ein Objekt springen lassen können.

Eine Abwandlung des Sprungs über ist der auf ein Objekt. Dieses sollte selbstverständlich tritt- und kippsicher sein. Das Stehen auf einem Objekt kann außerdem eine schöne Vorübung **für Körperpflegemaßnahmen** (Kämmen, Bürsten) sein und auch in Generalisierungsübungen eingebaut werden.

Gegenstände umrunden

Bringen Sie Ihrem Hund bei, einen Gegenstand zu umrunden! Legen Sie sich dabei zunächst auf eine Richtung fest und üben Sie später mit einem anderen Kommando eventuell auch die andere.

Durch die dabei notwendige Biegung der Wirbelsäule ist das Umrunden eine **echte Gymnastikübung**. Besonders gesundheitsfördernd ist sie, wenn der Hund sie sauber ausführt und dabei Schritt für Schritt läuft und nicht etwa springt. Unter dem Gesundheitsaspekt betrachtet, ist Geschwindigkeit also nicht das Trainingsziel.

Bauen Sie die Übung aber in jedem Fall ruhig auf, damit Ihr Hund den Bewegungsablauf **möglichst exakt** lernt und ausführt. Suchen Sie sich als Übungsobjekt einen dünnen Baum, eine Laterne, einen Pfosten oder etwas Ähnliches. Lassen Sie den Vierbeiner aus der Grundstellung starten, locken Sie ihn um das Objekt herum und belohnen Sie ihn dicht an Ihrer Seite. Bauen Sie im Trainingsverlauf die Lockhilfe nach und nach ab, indem Sie zunächst kein Futter mehr in der Hand halten, die Bewegung aber noch mit der Hand als Sichtzeichen einleiten. Sinnvoll ist es, der Übung erst dann einen Namen (Kommando) zu geben, wenn Ihr Hund das Umrunden ganz ohne Hilfestellung zeigen kann.

Geeignete Umrundungsobjekte werden Sie auf jedem Spaziergang finden. Den **Feinschliff** erreichen Sie, wenn Sie die Übung gut generalisieren, das heißt die verschiedensten – auch dicke, flache, eckige – Objekte nutzen. Wenn Sie dann noch die Distanz ausbauen, sind den Beschäftigungsmöglichkeiten keine Grenzen mehr gesetzt!

Bergauf, bergab ...

Bergauf und bergab zu gehen ist für Hunde zwar körperlich anstrengend, stärkt aber die Muskulatur. Dementsprechend ist dies ein regelrecht **physiotherapeutisches Training**! Es sollten also keine gesundheitlichen Gründe (etwa Arthrose in den Ellbogengelenken) dagegensprechen – fragen Sie in Zweifelsfällen Ihren Tierarzt. Und: Achten Sie auf eine saubere Ausführung der Bewegungen.

Achtung: Langsam im Schritt zu laufen ist für Hunde anstrengender als zu traben. Verlangen Sie daher die langsame Gangart, aber überfordern

Unterwegs lassen sich überall Gegenstände finden, an denen das Umrunden geübt werden kann. Hilfestellungen wie hier sind anfangs erlaubt.

Sie Ihren vierbeinigen Begleiter nicht durch zu viele Wiederholungen oder eine zu lange Wegstrecke – eine Minute und eine Wegstrecke von etwa 50 Metern ist für einen gesunden Hund für den Start gut geeignet. Steigern Sie die Anzahl Ihrer hintereinander ausgeführten Berg-und-Tal-Märsche nur in wirklich kleinen Schritten.

Als kleine inhaltliche **Abwandlung** der Übung kann die Konzentration in den Vordergrund gestellet werden. Fordern Sie Ihren Hund also zusätzlich, indem Sie ihn die Steigung ordentlich bei Fuß laufen lassen.

Vorbild Pferd: Cavaletti-Training

Die Pfoten beim Laufen ordentlich zu heben und in einem **flüssigen Bewegungsablauf** zu setzen, kann mit aus dem Pferdesport bekannten Cavaletti geübt werden. Cavaletti sind Kleinsthindernisse, die in diesem Fall eine maximale Höhe von zehn Zentimetern haben sollten (bei kleinen Rassen entsprechend niedriger!).

Eine einfache und auf Hundespaziergängen leicht zu findende Cavaletti-Variante ist höheres Gras. Besonders wenn es nass ist, sind viele Hunde sehr bemüht, die Pfoten zu heben. Man kann auch im Wald aus Stöcken einen kleinen **Cavaletti-Parcours** legen, oder Sie lassen Ihren Hund über kleine Absperrungen steigen, wie sie bei manchen Bäumen im Park zu finden sind. Auch mit einer langen Leine kann man sich eine kurze „Cavaletti-Bahn" zurechtlegen.

Achten Sie bei all diesen Übungen ganz besonders darauf, dass Ihr Hund sie **langsam absolviert**. Er soll nicht über die Cavaletti springen, sondern wirklich nur darübersteigen. Auch diese Übung kann durch spezielle Anforderungen wie das Fußlaufen erschwert werden.

Sportskanonen unterwegs

Auf einem „normalen" Spaziergang ist ein gesunder Hund in den meisten Fällen körperlich nicht umfassend ausgelastet. Mit ein wenig Planungsarbeit und eigenem sportlichen Geschick ist dies recht leicht zu ändern!

Der Kernpunkt dabei ist, dass für eine bessere körperliche Auslastung des Tieres meist eine **höhere Grundgeschwindigkeit** erforderlich ist. Die für den Hund ideale Gangart wäre ein langsamer Trab: In dieser Gangart kann er sich lange bewegen, ohne übermäßig beansprucht zu werden. Zwischendrin kann man ihn für kürzere (!) Strecken aber auch einmal Vollgas geben und ihn so an seine Geschwindigkeitsgrenze kommen lassen.

Spicken Sie Ihren Sportausflug auch mit **weiteren Details**, etwa Verschnaufpausen zum Schnüffeln oder einem Stopp an einer „Raststätte", an der Sie den Hund Geschicklichkeitsübungen machen lassen, Spaß- oder Gehorsamskommandos trainieren oder diese generalisieren.

Auch wenn bei den Sportausflügen das Ziel ist, den Hund körperlich auf seine Kosten kommen zu lassen, sollte ein **gesundes Maß an Führung** nicht vernachlässigt werden. Manche Aktivitäten erfordern hierbei ein vorheri-

Im Wald kann man mit geeigneten Ästen schnell eine Kavaletti-Strecke aufbauen.

Maßhalten!
Bedenken Sie, dass auch ein Hund erst Kondition aufbauen muss, wenn er längere Zeit nicht gezielt sportlich gefordert wurde! Starten Sie deshalb zunächst mit kurzen Ausflügen. Halten Sie außerdem in Bezug auf die Geschwindigkeit Maß und vermeiden Sie Sportaktivitäten bei hohen Außentemperaturen. Achten Sie stets auf Sicherheit und Gesundheit. Bei längeren Unternehmungen sollte Ihr Hund zwischendurch unbedingt Gelegenheit haben, zu trinken.

ges Training, etwa wenn der Hund neben dem Fahrrad oder Pferd laufen soll. Sauber aufgebaute und ausreichend häufig praktizierte **Grundgehorsamsübungen** sowie Aufgaben zur Führigkeit auf Distanz (siehe Seite 94) machen sich hier bezahlt. Letzteres gilt auch bei den Sportaktivitäten, bei denen man in Bezug auf die Standhaftigkeit deutlich schlechtere Karten hat als zu Fuß. In diesem Fall sollte der Trainingsschwerpunkt auf Konzentrationsübungen und dem Stoppen aus der Bewegung (Seite 30 und 33) liegen.

Geschwindigkeit ist keine Hexerei

Um auf Hundespaziergängen schneller voranzukommen, gibt es für den

Menschen verschiedene Möglichkeiten. Am häufigsten werden Hunde als Begleiter bei Ausflügen mit dem Fahrrad oder zu Pferd eingesetzt. Wer seine **eigene Fitness ebenfalls trainieren** möchte, für den sind Jogging- oder Walking-Runden, Rollschuhe, Inlineskates, ein Kick-oder Skateboard gute Alternativen.

Wenn man selbst auf dem Fahrrad unterwegs ist oder in anderer Form keinen festen Boden mehr unter den Füßen hat (Inlineskates, Kickboard ...), können im Straßenverkehr allerdings leicht **Probleme mit der Kontrolle** des

Nach der Eingewöhnung heißt es: Hund on Tour.

Tipp
Ein prophylaktisches „Fahrradanhänger-Training" ist für Fahrradbegleithunde generell – und zwar frühestmöglich – zu empfehlen. Denn dann kann man sie später, bei einschränkenden Krankheiten oder im hohen Alter, weiterhin problemlos an den Ausflügen teilhaben lassen, ohne sie körperlich zu stark zu beanspruchen.

Hundes auftreten. Eine Lösung wäre ein Transfer zwischen Wohnort und einem Ausflugsziel im Grünen, an dem der Hund ohne Leine laufen kann, während man sich selbst sportlich abmüht. Fahrten mit öffentlichen Verkehrsmitteln können dabei ihrerseits Teil des Abenteuers sein und als Trainingseinheit genutzt werden (siehe Seite 90. Auch der Transport des Hundes in einem Fahrradanhänger ist möglich, setzt aber ein entsprechendes Training voraus, bei dem der Vierbeiner an das gesittete Ein- und Aussteigen sowie das Geruckel während der Fahrt gewöhnt wird.

Hunde als „Packesel"

Wenn Ihr Hund nicht zu klein und gesundheitlich in guter Verfassung ist, kann es ihm zur Aufgabe gemacht werden, einen Teil des Gepäcks zu tragen. Hierfür ist ein **Packtaschentraining** erforderlich.

Achten Sie beim Kauf von handelsüblichen Hundepacktaschen auf eine gute Passform. Aufgrund des von Rasse zu Rasse sehr unterschiedlichen Körperbaus ist für den einen Hund dieses, für den anderen ein anderes

Kräftige Hunde können für Transportaufgaben eingespannt werden.

Modell besser geeignet. Ganz besonders wichtig ist, dass keine Scheuerstellen entstehen und dass die **Bewegungsfreiheit** der Ellenbogen nicht eingeschränkt ist. Wenn der Hund an die Packtaschen gewöhnt ist, können diese – nach und nach – mit einem Gewicht beladen werden, das bis zu einem Drittel des Körpergewichts des vierbeinigen Trägers entspricht.

Tipp
Nach dem Packtaschentragen hat sich Ihr Hund eine lockernde Massage der Rückenmuskulatur verdient!

... und als „Zugpferde"

Lasten können auch auf andere Art und Weise vom Hund selbst transportiert werden, nämlich auf Schlitten oder Karren. Hierfür gibt es spezielle Modelle, vor die die Tiere mittels eines Geschirrs gespannt werden. Einige große Rassen weisen ein ganz **besonderes Talent** für diese Arbeit auf und sind mit Freude und Begeisterung dabei. Eine gute Kondition des Vierbeiners und sorgfältiger Trainingsaufbau sind aber wesentliche Voraussetzungen für derartige Aktivitäten!

Spaß am und im Wasser

Schwimmen muss ein Hund nicht lernen: Er kann es von klein auf. Jedoch setzen Hunde je nach Talent verschiedene Schwimmstile ein. Achten Sie bei allen Aktivitäten am Wasser – insbesondere bei den guten Schwimmern (!) – darauf, dass die Sicherheit Ihres Vierbeiners gewährleistet ist. Denn Schwimmen ist zwar in den meisten Fällen durchaus gesund, aber gleichzeitig auch sehr **viel anstrengender** als Laufen!

Gefahren durch Überanstrengung, Unterkühlung, Temperaturschocks im Sommer oder durch starke Strömung, Strudel oder Kältestellen im Wasser können durch **vorausschauendes Handeln** minimiert werden. Lassen Sie Ihren Hund möglichst ohne Halsband oder Geschirr schwimmen, damit er nicht an irgendwelchen Gegenständen, die vom Land aus nicht zu sehen sind, hängen bleiben kann. Und lassen Sie ihn nicht mit Schwung ins Wasser springen: Das kann gefährlich sein, wenn sich unter der Wasseroberfläche Steine oder spitze Gegenstände befinden, auf denen er aufkommen und sich schwer verletzen kann. Übrigens gelten, bei allem Spaß, auch rund um die Badestelle die Regeln von Höflichkeit und gesittetem Verhalten.

Für alle hungrigen Hunde kann man mit ein paar **schwimmfähigen Futterstücken** tolle Spaßübungen umsetzen: Animieren Sie Ihren Vierbeiner, sich die auf der Wasseroberfläche treibenden Futterstückchen zu holen. Wenn neben dem „reinen" Spaß gleichzeitig auch am Gehorsam gefeilt werden soll, kann diese Aufgabe erschwert werden, indem man ihn zunächst SITZ oder PLATZ machen lässt, das Futter ins Wasser wirft und er erst auf Ihr Kommando hin starten darf.

Leckerchen fischen – ein beliebter Wasserspaß.

Für Wasserscheue
Für wasserscheue Hunde gilt: Je dichter ans Ufer das schwimmfähige Leckerchen ins Wasser geworfen wird, desto eher kann man sie vom Spaß der Aufgabe überzeugen.

Auch für apportfreudige Hunde – besonders, wenn Sie dann noch gern schwimmen – bietet das Element Wasser gute Alternativen zum **einfachen „Bällchenholen"**.

Werfen Sie den Ball (oder einen anderen Apportgegenstand) beispielsweise erst dann, wenn Ihr Hund konzentriert und ruhig ist.

Verfeinern kann man das Ganze über immer **intensivere Kopfarbeit**. Zum Beispiel können Sie den Hund darin schulen, Ihnen (zunächst aus einer Auswahl von zweien, später eventuell aus einer größeren Anzahl) nur einen speziellen Gegenstand zu bringen. Werfen Sie dazu die Objekte ins oder in die Nähe des Wassers und weisen Sie Ihren Vierbeiner wahlweise über das Richtungsschicken (siehe Seite 95) oder, wenn ihm der Name des Gegenstandes gut vertraut ist, über dessen Benennung an, ihn zu holen.

Nicht immer einfach ist bei den schwimmbegeisterten Hunden ein **Rückruf aus dem Wasser**. Halten Sie hierfür die absolut beste Belohnung parat, damit Sie Ihren Vierbeiner wirklich freudig überraschen können, wenn er auf Ihr Signal hin zügig an Land zurückkehrt. Gönnen Sie ihm im Anschluss, wenn es die Zeit erlaubt, sogar wieder einen Badespaß, denn auch über diese (vielleicht unerwartete) Erlaubnis unterstreichen Sie Ihre **Führungsqualitäten** und machen es Ihrem Hund leicht, Ihnen zu vertrauen.

Tauchen lernen

Hunde können für kurze Momente ganz unter Wasser tauchen. Ob sie es zeigen, ist eine Frage der **Wasserbegeisterung** und des **Talents**.

Versuchen Sie, aus Ihrem Hund einen Taucher zu machen, indem Sie ihm – vorausgesetzt, er ist wasser- und apportbegeistert – einen Gegenstand ins Wasser geben, der nur halben Auftrieb hat und nicht direkt an der Wasseroberfläche bleibt, sondern knapp darunter. Halten Sie für Ihren Hund eine ganz tolle Belohnung parat,

Positionswechsel im Wasser sind eine anspruchsvolle Trainingsvariante.

Wasser- und apportierfreudige Hunde lernen das Tauchen leichter.

wenn er diese **schwierige Übung** meistert.

Achten Sie hier besonders auf die Sicherheit! In dieser Übung geht es nicht um die Tiefe des Tauchgangs, sondern um die **Geschicklichkeit** Ihres Hundes. Wählen Sie für die Tauchübung eine Stelle aus, in der er stehen kann und somit nur mit dem Kopf unter Wasser taucht.

Tipp
Wenn sich in Ihrer Nähe keine für Hunde erlaubten oder geeigneten Gewässer befinden, können Sie die Tauchübung auch mit einem Wasserbottich umsetzen.

Übungen für Stadtstreicher

Hunde, die im städtischen Bereich gehalten werden, müssen täglich einer wahren **Fülle von Ablenkungen** standhalten. Wenn der Hund schrittweise auf die Anforderungen vorbereitet wurde, gelingt dies umso besser. Die im Folgenden beschriebenen Trainingsideen für die Stadt sind für gewöhnliche Situationen gedacht, wie sie es für viele Mensch-Hund-Teams täglich zu meistern gilt.

Stopp an der Bordsteinkante

Der Verkehr ist für Hunde eine große Gefahrenquelle. Um ihnen eine hohe Hemmschwelle anzutrainieren, jemals eigenmächtig eine Straße zu überqueren, ist **intensive gemeinsame Arbeit** erforderlich.

Um ein hohes Maß an Zuverlässigkeit zu erreichen, sollte dabei statt eines Sprachkommandos die **Bordsteinkante selbst als Signal** beziehungsweise als „Sichtzeichen“ aufgebaut werden. Dies gelingt allerdings nur, wenn man hauptsächlich in einem Umfeld unterwegs ist, in dem die meisten Gehwege von den Straßen durch eben solche Stufen getrennt sind; im ländlichen Bereich ist dies häufig nicht der Fall, sodass dort ein derartiges Training nicht zuverlässig realisiert werden kann.

Ziel ist es also ganz ausdrücklich, die Konzentration des Hundes auf seine **Umweltwahrnehmung** (Erkennen einer Stufe) zu lenken. Ihre Kommandosteuerung bezieht sich nur auf das Auflösen der Übung, wenn er schließlich weiterlaufen darf. Überlegen Sie sich hierfür ein neues und eigenständiges **„Straßenkommando“** (beispielsweise ZÜGIG). So vermeiden Sie die Gefahr von Missverständnissen und fehlerhaften Verknüpfungen, wie sie bei bekannten Kommandos vorkommen können.

Übungsaufbau: Trainieren Sie an einem Ort mit wenig Verkehr, damit Sie und Ihr Hund wirklich gefahrlos arbeiten können. Führen Sie den Vierbeiner angeleint an die Bordsteinkante heran. Verhindern Sie dabei mögliche Fehler, etwa ein Übertreten der Kante, durch den Leinenspielraum, den Sie ihm geben (beziehungsweise nicht geben).

Warten Sie dann geduldig, ohne auf den Hund einzuwirken oder ein Kommando zu geben, auf die Leistung, die Sie an einer Straße künftig von ihm sehen wollen (die SITZ-Position ist hier sinnvoll, denn sie ist einfach und schnell einzunehmen und verleitet dennoch nicht so leicht zum Weiterlaufen wie beispielsweise die STEH-Position). Belohnen Sie Ihren Hund üppig, sobald er die entsprechende Position einnimmt.

Lösen Sie dann die Übung mit dem Straßenüberquerungskommando auf und gehen Sie gemeinsam auf die andere Seite. Wiederholen Sie dies jeden Tag und an jeder auch noch so kleinen Straße, bis Ihr Hund an der Bordsteinkante sofort **von sich aus** die richtige Handlung zeigt.

Beim Straßentraining ist absolute Konsequenz die Voraussetzung für den Trainingserfolg.

Tipp
Sollte Ihr Hund bei der Bordsteinkantenübung nicht von sich aus auf die Idee kommen, sich zu setzen, können Sie ihm in den ersten Durchgängen das Kommando ansagen. Der restliche Teil des Ablaufs bleibt unverändert. Geben Sie ihm diese Hilfestellung aber nicht zu oft (maximal zehn Mal), denn er soll lernen, die SITZ-Position eigenständig zu zeigen.

Achtung: Wenn man sich für ein solches Bordsteinkanten-Training entscheidet, ist hundertprozentige Konsequenz gefordert – sonst kann der Hund nie ein zuverlässiges Verhalten lernen. Das bedeutet auch, dass er an **jeder** grünen Ampel, an **jedem** Zebrastreifen und an **jeder** „freien" Straße, die man gefahrlos überqueren könnte, immer zunächst die SITZ-Position einnehmen muss. Ihr Hund soll das Gefühl bekommen, dass ein eigenmächtiges Betreten der Straße für ihn quasi unmöglich ist.

Für **Fortgeschrittene** wird diese Übung nun nachhaltig ausgebaut: Üben Sie mit Ihrem Vierbeiner, dass er beispielsweise auf ein anderes Kommando hin oder selbst bei verleitenden Bewegungen Ihrerseits nicht ohne Ihr explizites Einverständnis aufstehen und die Straße überqueren darf. Gehen Sie bei diesen Steigerungen schrittweise vor und führen Sie zur Festigung – selbstverständlich nur in „verkehrsfreien" Momenten – auch typische Gefahrenquellen ein, etwa: Der beste Hundefreund wartet mit seinem Besitzer auf der anderen Straßenseite oder der Lieblingsball rollt auf die Fahrbahn.

Auch die Stärkung der Position über den Oppositionsreflex (siehe Seite 34) an der Straßenkante kann man einbauen. Hierdurch wird die Wichtigkeit der **strikten Positionsbeibehaltung** durch die Belohnung des vehementen „Sträubens" gegen den Zug unterstrichen (im übertragenen Sinn ist es das Sträuben gegen den Fehler, auf die Straße zu treten).

Fahrten mit öffentlichen Verkehrsmitteln

Fahrten mit dem Bus, der Bahn, einem Schiff oder einem Taxi sind für den Hund oftmals **eine aufregende Sache**. Üben Sie ein gesittetes Ein- und Aussteigen sowie die Fahrten selbst. Anfangs sollten diese kurz sein.

Haben Sie dabei ein wachsames Auge darauf, dass Ihr Hund keine Anzeichen von Stress oder auch Übelkeit durch das noch ungewohnte Ruckeln auf der Fahrt erkennen lässt. Wählen Sie daher anfangs Transportmittel und Zeiten, in denen die Ablenkung durch viele fremde Menschen nicht zu groß ist. Später kann auch hier schrittweise der **Leistungsanspruch gesteigert** werden.

Tipp
Das Verkehrsmitteltraining kann man sehr gut mit einem „echten" Ausflug kombinieren. Wählen Sie ein Ziel und prüfen Sie, wie dieses mit Bus, Bahn oder Ähnlichem zu erreichen ist.

Achten Sie bei Fahrten mit öffentlichen Verkehrsmitteln auf zwei wichtige Aspekte: die **Sicherheit** Ihres Hundes und das **Wohlbefinden** anderer

Menschen. Bieten Sie Ihrem Vierbeiner körperlichen Schutz, denn er läuft in derartigen Situationen Gefahr, dass ihm ein fremder Mensch versehentlich auf eine Pfote oder die Rute tritt oder er von Knien oder durch baumelnde Taschen angerempelt wird.

Wenn Sie auf der Fahrt selbst einen Sitzplatz haben, ist es günstig, wenn Sie den Hund im Sitzen mit Ihren Knien umrahmen und so gegen andere Menschen **abschirmen**. Auch im Stehen kann man dies machen, jedoch sollte der Vierbeiner das „Unter-seinem-Menschen-Stehen" vorher als Spaßübung gelernt haben, denn andernfalls kann er diese Position als bedrohlich empfinden und sie kann Stress auslösen.

Halten Sie Ihren Hund während der ganzen Fahrt, zumindest aber in den Situationen, in denen er durch viele gleichzeitige Außenfaktoren belastet wird, **in Konzentration**. Eine solche Hilfestellung ist in direkter Nähe fremder Menschen oder allgemeinen Engesituationen besonders relevant. Schließlich ist ein Beschnüffeln oder Anspringen der Mitreisenden unerwünscht!

Durch Konzentrationsübungen bieten Sie Ihrem Hund die Möglichkeit **sinnvoller Alternativhandlungen**, die obendrein auch noch belohnt werden. Und belohnen Sie ruhiges und artiges Verhalten reichlich, denn Ihrem Vierbeiner soll der Ausflug schließlich auch Spaß machen!

Beim Bäcker und am Kiosk

Vor dem Bäckerladen oder einem Kiosk auf den Besitzer warten zu müssen, ist etwas für **Hunde mit gutem Nervenkostüm,** denn die Ablenkungen sind hier meist mannigfaltig. Bereiten Sie Ihren Vierbeiner daher schrittweise auf diese Leistung vor.

Üben Sie zunächst an anderer Stelle ohne Ablenkungen das geduldige Warten (Kommando BLEIB, siehe Seite 39) bis zu hohem Schwierigkeitsgrad (wechselnde Orte, 30 Schritte Entfernung, zwei Minuten Trennungszeit). Wählen Sie dann eine Tageszeit aus, in der vor Ihrem Kiosk oder Bäcker nicht viel los ist. Der Hund ist angeleint, die Leine befestigen Sie an einem stabilen Gegenstand und verlangen das BLEIB. Während Sie von Ihrem Hund entfernt sind, sollten Sie stets **ein Auge auf ihn** werfen, insbe-

Tagesroutine: Brötchenholen.

sondere, wenn Passanten sich ihm nähern oder ihn gar anfassen wollen. Das ist eine sehr starke Ablenkungssituation, die nicht jeder Hund aushält!

Binden Sie derartige **Erschwernisse** eventuell schon im Vorfeld mit in Ihr Basistraining ein, um sie Ihrem Hund als Zugewinn und nicht als Stressfaktor zu verkaufen. Dabei könnten andere Familienmitglieder und Freunde eingespannt werden.

Beobachten Sie das **Ausdrucksverhalten** Ihres Hundes genau. Überforderung und Stress sind dringend zu vermeiden. Wenn hingegen alles gut gelingt, können Sie die Aufgabe weiter ausbauen, indem Sie mehr und mehr Ablenkungen einfügen (beispielsweise viele Passanten am frühen Morgen zur Stoßzeit des Brötchenkaufens).

Brötchenträger
Wenn Ihr Hund gerne und zuverlässig apportiert (siehe Seite 73), können Sie ihn nach dem Einkauf die Brötchen oder Zeitung nach Hause tragen lassen.

Schlangen und Menschenansammlungen

Ruhiges Warten und Anstehen in einer Schlange sind für viele Hunde große Herausforderungen: Gerade junge und sozial aufgeschlossene Tiere würden zu gern an den Menschen oder deren Gepäckstücken schnüffeln oder zu ihnen direkten Kontakt aufnehmen. Schüchterne bis ängstliche Hunde hingegen sind in solchen Menschenansammlungen **emotional besonders belastet**. Setzen Sie in solch schwierigen Situationen Belohnungen ein, die Ihrem Hund wirklich das Gefühl von Freude geben, denn er soll Spaß an der Aufgabe haben!

Übungsaufbau: Vermitteln Sie Ihrem Hund im ersten Trainingsschritt, dass er dicht bei Ihnen bleiben soll. Dies ist sozusagen die Endhandlung, die Sie erwarten, wenn Sie bei einem Stadtbummel vor einem Schaufenster die Auslagen betrachten oder an einem Schalter oder Automaten anstehen, um etwas zu erledigen. Diese Übung entspricht der Grundstellung (siehe Seite 33). Beginnen Sie an Orten mit wenig Ablenkung. Ein I-Tüpfelchen der Übung könnte sein, den Hund (falls ihm dies nicht unangenehm ist) mit Körperkontakt zu Ihnen sitzen zu lassen, denn dann können Sie fühlen, ob er noch bei Ihnen ist und müssen ihn nicht extra im Auge behalten.

Profi-Tipp
Körperkontakt ist nicht „jederhunds“ Sache! Eine Möglichkeit, ihm diesen schmackhaft zu machen, besteht darin, ihn in der Grundposition am Ohr zu kraulen, dabei leichten Druck auszuüben und seinen Kopf oder auch seine Schulter auf diese Weise sanft an Ihr Bein zu drücken. Belohnen nicht vergessen!

Arbeiten Sie nun an der Zuverlässigkeit der Leistung. Ein Kriterium ist dabei, dass ihr Hund das enge Bei-Ihnen-Stehen nicht aufgibt, auch wenn Sie ihm keine Aufmerksamkeit schenken. Im Trainingsaufbau lohnt es sich, einen Spiegel einzusetzen, da-

mit Sie ihn besser beobachten können. Solches **„Allwissen“** von Menschen beeindruckt Hunde nachhaltig!

Belohnen Sie ihn, wenn er gut bei der Stange bleibt. Fügen Sie in Ihr Training nach und nach Ablenkungen ein und steigern Sie den Zeitraum, den Ihr Vierbeiner ohne Beachtung Ihrerseits am Ball – beziehungsweise am Bein – bleibt. Wählen Sie dabei die Übungsschritte so klein, dass er möglichst nie einen Fehler macht und sich in allen Übungen **immer wohlfühlen kann**. So wird schließlich der Punkt erreicht, an dem er sich auch in einer realen Situation, zum Beispiel einem belebten Stadtzentrum, angemessen verhalten kann.

Trockenübungen ohne Ablenkungen sind für einen Trainingsanfänger ideal.

Seitenwechsel hinter dem Rücken

Im städtischen Alltag wird es immer wieder Szenen geben, in denen Ihnen Passanten, Kinder oder andere Mensch-Hund-Teams **auf engem Raum** begegnen. Bereiten Sie Ihren

Hund in einem schrittweisen Trainingsaufbau darauf vor, denn diese Situationen stellen für ihn starke Ablenkungen dar. Wenn er von Ihnen so geführt wird, dass er den jeweils **größtmöglichen Abstand** zu den (vielleicht sogar bedrohlich erscheinenden) Umweltreizen halten kann, ist das eine erhebliche Hilfe für ihn.

Üben Sie deshalb mit ihm den Seitenwechsel hinter Ihrem Rücken von der linken auf die rechte Seite und umgekehrt. Achten Sie darauf, dass Ihr Hund hier wirklich genau das lernt, um was es geht: Er soll nicht einfach mit der Leine auf die andere Seite gezerrt werden – schließlich ist das ein zweifelhaftes Vergnügen! Ebenso ungünstig wäre es aber, in einem solchen Moment **keinen Platz** zu schaffen, denn dann können leicht **Stress** oder gar Streit entstehen.

Übungsaufbau: Lassen Sie Ihren Hund an seiner Schokoladenseite in die Grundposition kommen. Nehmen Sie nun ein Lockmittel zur Hand. Halten Sie dieses in der Hand der Seite, an die Sie ihn locken möchten. Geben Sie ihm, falls nötig, mit der anderen Hand ein kleines Zeichen (eventuell mit Lockmittel, das er aber nicht bekommt), damit er hinter Ihre Beine schaut und dort die Belohnung sieht. „Ziehen" Sie ihn mit der Lockhand nun an die andere Seite und belohnen ihn, wenn er parallel neben Ihnen steht. Bauen Sie in den nächsten Trainingsdurchgängen schrittweise das Lockmittel ab und führen Sie ein Sprachkommando ein.

Achtung: Für beide Seiten müssen jeweils eigene Kommandos gewählt werden. Meist trägt die angestammte Seite ja bereits aus dem Training der Grundstellung oder dem Fußlaufen einen Namen (etwa FUSS). Dieser kann selbstverständlich beibehalten werden, wenn der Hund zum Beispiel von rechts nach links, also „ins FUSS", kommen soll. Das Kommando für die andere Seite sollte sich vom Wortklang deutlich vom bereits vertrauten Signal der angestammten Seite unterscheiden (etwa RECHTS).

Üben Sie den Seitenwechsel sowohl in der Bewegung als auch fest an einem Ort stehend. Vermutlich erleben Sie mit Ihrem Hund Umstände, in denen Sie die eine oder andere Variante einsetzen müssen. In **Engesituationen** kann sich zudem die Targetübung „Nase-Stab" (siehe Seite 20) bewähren, die für kleinere Hunde auch den Übungsaufbau erleichtern kann.

Bedenken Sie, dass Sie in solchen Lebenslagen auch Ihre guten Führungsqualitäten unter Beweis stellen. Denn Sie geben Ihrem vierbeinigen Begleiter Sicherheit, wenn Sie ihm, durch **vorausschauendes Handeln**, eine Situation ersparen, der er nicht gewachsen ist oder die ihn belastet. Schließlich ist es Chefsache, auf die Belange seiner „Mitarbeiter" Rücksicht zu nehmen!

Führigkeit auf Distanz

Den Hund auch auf Distanz gut lenken zu können, ist ein erstrebenswertes Trainingsziel. Unterwegs bei Spaziergängen und Ausflügen bieten sich viele Möglichkeiten für entsprechende Übungen.

So kann der Hund die Hand sehen und leicht in die angewiesene Richtung starten.

Richtungsschicken VORAUS

Den Hund gezielt in eine bestimmte Richtung schicken zu können, ist zum Beispiel für einige Apportaufgaben eine wichtige **Voraussetzung**. Aber auch andere Einsatzmöglichkeiten (etwa Übungskombinationen, bei denen er zu etwas hingeschickt wird und dort eine andere Leistung zeigen soll) sind denkbar.

Übungsaufbau: Lassen Sie Ihren Hund SITZ und BLEIB machen, entfernen Sie sich ein paar Schritte von ihm. Legen Sie dann gut sichtbar einen ihm gut vertrauten Gegenstand hin, kehren zu ihm zurück, weisen mit Ihrer Hand (auf Augenhöhe Ihres Hundes) auf den Gegenstand und schicken ihn in gerader Richtung los.

Achtung: Wenn der Hund weiß, welche Endhandlung er bei dem Gegenstand zeigen soll, lernt er diese Übung umso leichter. Ein vorheriges Targettraining (siehe Seite 20) ist darum sinnvoll.

Wenn Ihr Hund das Vorauslaufen zu dem Hilfsobjekt gut beherrscht, können Sie die Wegstrecke erweitern, die Sichtbarkeit des Gegenstandes einschränken oder ihn bei den Vorbereitungen nicht mehr zusehen lassen. Ein weiterer **Schwierigkeitsgrad** ist das Training mit zwei oder mehr Gegenständen. Anfangs sollten diese nicht zu dicht beieinander liegen, damit Ihr Hund keinen Fehler macht.

Seitliches Einweisen

Das seitliche Einweisen ist für den Hund etwas abstrakter, da Sie ihm die Richtung nur noch sehr grob angeben können. Halten Sie die einzelnen Trainingsschritte entsprechend klein, sodass er gedanklich stets auf der Höhe bleiben kann.

Übungsaufbau: Sagen Sie Ihrem Hund eine Position an (falls notwen-

Das seitliche Einweisen ist abstrakter und deshalb anspruchsvoller.

dig kombiniert mit BLEIB) und entfernen Sie sich ein paar Schritte. Legen Sie dort einen ihm gut vertrauten Gegenstand aus. Stellen Sie sich nun frontal zu Ihrem Hund so auf, dass der ausgelegte Gegenstand mit dem Hund auf einer Linie ist und Sie selbst im rechten Winkel dazu stehen.

Führen Sie nun **eine ausladende Armbewegung** von unten kommend so aus, dass Sie Ihren Arm schließlich seitlich von sich weg halten und hierbei in Richtung des ausgelegten Gegenstands zeigen. Animieren Sie Ihren Hund eventuell zusätzlich mit Worten, sich in Bewegung zu setzen. Belohnen Sie ihn, wenn er an dem ausgelegten Gegenstand ankommt.

Auch hier gilt, dass ein vorheriges Targetraining Ihrem Hund das Erlernen erleichtert. Üben Sie den Ablauf **in beide Richtungen**. Vergrößern Sie schrittweise die Distanz zum Gegenstand und/oder wählen Sie ein kleineres, weniger gut sichtbares Objekt, um das Leistungsniveau zu steigern.

Kopfarbeit strengt an!

Unter der Zielsetzung, den Hund anregende Abenteuer erleben zu lassen und ihn umfassend auszulasten, ist es wichtig, ihn auch geistig zu fordern. Hunde sind im Alltag nicht selten **mental unterbeschäftigt**, weil wir ihnen zu häufig das Denken abnehmen. Vermeiden oder ändern Sie dies, denn das Wohlbefinden Ihres treuen Begleiters hängt davon ab!

Richtig pudelwohl fühlt sich ein Hund, der sich **mit seinen eigenen Ideen** ins Team einbringen darf. Lassen Sie Ihren Hund darum Probleme im Alltag möglichst eigenständig meistern, schließlich ist Geschicklichkeit auch Kopfsache!

Übungsbeispiel für einen Familienausflug: Ein Familienmitglied (ideal für einen vierbeinigen Trainingsanfänger wäre die Bezugsperson) begibt sich auf einer gemeinsamen Hunderunde auf die andere Seite eines Zauns oder überquert eine kleine Brücke. Die Spaziergänger gehen also voneinander getrennt in die gleiche Richtung weiter. Nun soll der Hund gerufen werden. Findet er eigenständig zum abtrünnigen Gruppenmitglied? Verringern Sie eventuell die Distanz zum Zaundurchgang oder der Brücke, wenn er nicht von allein auf die richtige Idee kommen sollte.

Auch unwegsames Gelände wie große Steinbrocken oder Holzstapel, Büsche, unhandliche Apportgegenstände etc. sind für Kopf- und Geschicklichkeitsaufgaben gut geeignet. Achten Sie hierbei aber immer auf die **Sicherheit** Ihres Hundes!

Kampf dem Alltagstrott

Ertappen Sie sich auch dabei, wie **eingeschliffen** manch eine Hunderunde ist? Jeden Tag derselbe Trott. Das ist langweilig! Selbst wenn auf dem Spaziergang kleine Aufgaben eingeflochten werden, landet man ohne Planungsarbeit fast automatisch immer wieder bei denselben Übungen. Aber das x-te Mal SITZ, immer wieder auf dieselbe Art verlangt, kann für den Hund regelrecht **demotivierend** sein.

Dabei kann man ohne Mühe viel mehr aus der typischen „Standardrunde" machen! Nach vielen konkreten Anregungen für Übungen im vorigen Kapitel finden Sie hier nun jede Menge Ideen, Tipps und Anregungen rund um die **Gestaltung.**

Die Abenteuerregeln

Langweilige Hunderunden zu Abenteuerspaziergängen zu machen – so lautet das Ziel. Wer sich an folgenden fünf Grundregeln orientiert, wird dieses Ziel gemeinsam mit seinem vierbeinigen Begleiter schnell erreichen können.

Auf einem längeren Spaziergang ist eine Rast eine schöne Abwechslung.

Abenteuerregel 1: Geben Sie Ihrem Hund Führung vor!

Stellen Sie sich als souveräner „Rudelführer" dar, der das Team ohne Stress und Gewalt leitet. Auf diese Weise kann Ihr Vierbeiner Ihnen stets vertrauen und wird sich gerne und leicht lenken lassen. Sich sicher zu fühlen, hat **hohen Motivationscharakter** für Hunde!

Um Führung vorgeben zu können, müssen Sie Ihrem Hund das Gefühl geben, stets einen ausgetüftelten **Plan** in der Tasche zu haben. Vermitteln Sie ihm, dass Sie immer genau wissen, was Sie tun. Lassen Sie ihn dann „nach Ihrem Gutdünken" an den Unternehmungen teilhaben.

Ein Beispiel: Nehmen wir an, Ihr Hund liebt Sandboden zum Rennen oder Schnüffeln besonders, und Sie kennen solch eine Stelle. Statt einfach ihm zuliebe dorthin einen Spaziergang mit ihm zu machen, können Sie diesen Ort dazu benutzen, Ihre souveräne Führungsart zu unterstreichen.

Lassen Sie Ihren Hund zunächst an der Leine, damit er nicht direkt losstürmen kann, und verlangen Sie als Erstes eine einfache Übung, beispielsweise eine Selbstkontrolleübung. Erteilen Sie ihm dann per Kommando („Freizeitzeichen") gewissermaßen den **Auftrag, Spaß zu haben.** Gehen Sie ruhig im selben Moment wieder weg von der Spaßstrecke und warten Sie geduldig. Schenken Sie Ihrem Hund eine sehr attraktive Belohnung, wenn er sich bei Ihnen einfindet, ohne dass Sie gerufen haben. Entlassen Sie ihn wieder in die „Freizeit".

Durch solch ein Vorgehen machen Sie es Ihrem Hund leicht, Ihnen Folge zu leisten, denn Sie steuern die Situation **zu seinen Gunsten**. Der Trick ist, dass er genau dies nicht durchschauen kann! Sie stellen sich für ihn einfach als souveräner Gruppenleiter dar, der erst Leistung verlangt, aber auch Spaß zulässt.

In anderen Momenten wird Ihr Hund dadurch umso eher geneigt sein, auch „lästige" Pflichten zu akzeptieren, denn er weiß dann, wie gut er es bei Ihnen hat. Ihm in Lebenslagen **Hilfestellung** zu geben, die für ihn ohne solchen Beistand (noch) zu schwierig zu bewältigen sind, ist ebenfalls ein Beispiel für gute Führung – denn Sie lassen Ihren „freien Mitarbeiter" so nicht ins offene Messer laufen.

Abenteuerregel 2: Stellen Sie Ihre „Verkaufsstrategie" um!

Ob Ihrem Hund Training und gemeinsame Unternehmungen Freude bereiten, haben Sie in weitem Maße selbst in der Hand. Im Grunde genommen ist es recht einfach, einem Hund die Spazierstrecke oder bestimmte Übungsinhalte **als großen Spaß** zu „verkaufen" – auch wenn sie, neutral betrachtet, vielleicht zunächst wenig attraktiv erscheinen.

Nehmen wir einen **Stadtbummel als Beispiel**: In Innenstädten herrscht meist Leinenpflicht, sodass Freilauf – der dem Hund vermutlich weitaus angenehmer wäre – nicht infrage kommt. Außerdem wird er mit einer Flut von Reizen überschüttet und stark durch Geräusche und Gerüche abge-

Hier ist der Job: Bei jedem roten Auto SITZ!

lenkt. Befreien Sie sich von einem möglicherweise vorhandenen schlechten Gewissen und machen Sie stattdessen aus der Not eine Tugend, indem Sie den Gang besonders attraktiv erscheinen lassen!

Konkret gesagt: Geben Sie Ihrem Hund **Aufträge**, die ihm Spaß machen. Als Handlanger, in diesem Fall also als „Dienst"-Hund, hat er etwas zu tun, was ihn auslastet. Belohnen Sie gutes Mitarbeiten üppig, um die damit verbundene Freude auch für die Zukunft aufrechtzuerhalten.

Binden Sie häufig kurze **Konzentrationsübungen** ein, denn in Konzentration kann ein Hund emotional nicht auf Hochtouren (in Bezug auf Stress oder eine hohe Erregungslage) kommen. Geben Sie ihm Hilfestellung, wenn Sie schon im Vorfeld abschätzen können, dass er hier und dort mit einer Begebenheit überfordert ist. Gucken Sie sich zwischendurch zum Verschnaufen einen Ort aus, der für Ihren Hund zur Entspannung geeignet ist: eine Schnüffelstelle, einen Platz, an dem Freilauf möglich ist, oder sonst etwas, das seinen Vorlieben entgegenkommt.

Abenteuerregel 3: Durchbrechen Sie das „Schema F"!

Oft stellen sich – vor allem auf einer regulären, schnellen Hunderunde – feste **Gewohnheiten** ein. Meist sind diese durch Bequemlichkeit geprägt.

Wobei ertappen Sie sich? Wechseln Sie immer an derselben Stelle die Straßenseite, holen Sie immer zur selben Zeit den Schlüssel heraus oder geben Sie dem Hund immer nach dem Spaziergang eine Knabberei? Nicht, dass daran etwas auszusetzen wäre – aber Sie wollen ihn doch Abenteuer erleben lassen, oder? Dann also los: Bauen Sie **Abwechslungen** ein. Es kostet wirklich keine Mühe!

Beispiele: Lassen Sie Ihren Hund eine andere Wahrnehmung derselben Umwelt verarbeiten. Laufen Sie also Ihre „Standardrunde" (etwa einen kurzen Trip um den Block) doch einmal auf der nicht so vertrauten Straßenseite. Plötzlich bietet der bekannte Weg neue Erfahrungen.

Biegen Sie auch einmal eine Seitenstraße früher oder später ab als sonst. Oder starten Sie Ihre Runde entgegen der gewohnten Richtung. Sie werden bemerken, dass Sie trotz dieser winzigen Veränderungen in kleinem Umfang **Neues erleben**. Vielleicht treffen Sie andere Nachbarn, Sie entdecken andere Details in der Nähe Ihres Zuhauses. Auch Ihrem Hund geht es so. Für die meisten Vierbeiner ist das sehr anregend.

Achtung: Diese Art von Veränderungen ist für Hunde mit stabilem Nervenkostüm eine wahre Bereicherung. Sollte Ihr Vierbeiner allerdings in Bezug auf Umweltreize sehr unsicher und schnell gestresst sein, können derartige Turbulenzen ihn zusätzlich verunsichern. Halten Sie dann also lieber Maß und arbeiten in kleinen Schritten daran, dass er in vertrauter Umgebung mehr Sicherheit gewinnt.

Abenteuerregel 4: Setzen Sie sich Ziele!

Ist man ohne genauen Trainingsplan mit dem Hund unterwegs, fällt einem häufig nichts Geistreiches ein – selbst wenn man (samt Hund) motiviert ist, unterwegs ein wenig zu üben und Spaß zu haben. Doch auch auf einem noch so kurzen Spaziergang kann man **mit minimaler Planungsarbeit** richtig Schwung in die Sache bringen! Nehmen Sie sich deshalb immer etwas vor, bevor Sie starten. Das können Übungen zur Generalisierung von Aufgaben (siehe Seite 102) sein. Oder Sie setzen sich zeitliche oder örtliche Ziele. Mit wenig Aufwand können Sie auf diese Weise sowohl die Gefahr, den Überblick zu verlieren, als auch die Gefahr von Langeweile minimieren.

Hier einige **Beispiele**: Heute lassen Sie Ihren Hund an jedem Gartentor, an dem Sie vorbeigehen, SITZ, morgen an jeder Laterne (örtliches Ziel) PLATZ oder alle 30 Sekunden (zeitliches Ziel) eine Konzentrationsübung machen, an jedem Mülleimer mit Ihnen gemeinsam die Straßenseite wechseln, zwischen zwei Ampeln oder zwischen Hausnummer 100 und 110 Fuß laufen oder, oder, oder ... Machen Sie sich eine **Liste** mit derartigen Möglichkeiten, die zu den örtlichen Gegebenheiten Ihrer Gassigänge passen. Nehmen Sie diese Ziele auch in Ihre Abenteuerkarten (siehe Seite 116 auf. Arbeiten Sie gemeinsam täglich eines der Beispiele ab – Ihr Hund wird von diesem neuen Vorgehen auf den Spaziergängen begeistert sein!

Achtung: Wechseln Sie die Orte und Übungsinhalte immer wieder durch. Denn es ist wichtig, dass Ihr Hund nicht durchschauen kann, was „gespielt“ wird. Er soll sich auf Ihr Kommando und seine Aufgabe kon-

Diese Strecke bietet sich für eine Slalom-Übung an.

zentrieren. Eine **Ortsverknüpfung**, zu der es kommt, wenn auf derselben Wegstrecke immer wieder dieselbe Trainingsanforderung besteht, ist **nicht erwünscht**!

Abenteuerregel 5: Starten Sie mit einem Einstimmungsritual!

Achten Sie bei jedem Gassigang, speziellen aber bei einem Abenteuerspaziergang darauf, dass Ihr Hund **nicht in eine zu hohe Erregungslage gerät**. Aufregung, Stress und Hektik erschweren die Kontrolle über den Hund, und: In solchen Gemütszuständen ist seine Fähigkeit zu lernen **stark eingeschränkt** oder sogar ganz blockiert. Die Übungen, die den Abenteuerspaziergang abrunden sollen, können also gar nicht greifen. Übungen zur Selbstkontrolle, vor allem die konsequente Umsetzung der Startregel (Seite 49) können hier Abhilfe schaffen.

Weitere **Einstimmungsvorschläge**: Lassen Sie Ihren Hund, bevor es richtig losgeht, sich erst einmal mit der Situation vertraut machen. Dies trägt wesentlich zu seiner Entspannung und Konzentrationsfähigkeit bei. Geben Sie ihm in den ersten Minuten Ihres Ausflugs daher stets ein wenig Zeit, um ganz in Ruhe zu schnüffeln, statt gleich mit Übungen „in die Vollen zu gehen". Belohnen Sie in dieser ersten Phase des Spaziergangs nur die spontane Bereitschaft, Blickkontakt mit Ihnen aufzunehmen. Vielleicht muss Ihr Vierbeiner sich auch erst einmal versäubern, sich strecken oder eine kleine Runde rennen, bevor er **in den Arbeitsmodus schalten** kann. Als Chef des Teams unterstreichen Sie mit der Erlaubnis, all dies zu tun, Ihren souveränen Führungsstil. Ihr Hund wird es Ihnen mit einem hohen Maß an Aufmerksamkeit in den dann folgenden Übungen danken.

Das Geheimnis heißt Generalisierung

Um einen Hund täglich **mental fit zu halten** und auszulasten, muss man sich keinesfalls immer wieder neue Übungen einfallen lassen. Abwechslung kann man auch durch ein zielgerichtetes Generalisierungstraining des schon Erlernten erreichen. Ganz nebenbei wird auf diese Weise auch sehr effektiv der Gehorsam geschult.

Generalisierung: Wie Hunde lernen

In aller Regel verknüpfen Hunde beim Lernen viele Dinge gleichzeitig. Auch „Unwichtiges", etwa Details der Umgebung, wird also mitverknüpft. Sie lernen in instrumentell konditionierten Übungen, dass eine bestimmte Handlung Konsequenzen nach sich zieht. So kommt es, dass diejenige, die mit positiven Konsequenzen verknüpft wird, in der Zukunft gern wieder gezeigt wird.

Beim Aufbau einer Übung ist das Ziel nicht nur, dass der Hund sich dabei wohl fühlt, sondern auch, dass er das, was man trainieren möchte, auf Signal ausführt. Was dabei inhaltlich relevant ist **(Ziel: Signal, Handlung, Konsequenz)** und was nicht

Auch die Generalisierungsübungen müssen schrittweise aufgebaut werden.

(zum Beispiel die Umgebung), muss er im Verlauf des Trainings herausfinden.

Dazu ein Beispiel: Der Hund schafft es nach einigen Durchgängen, im Wohnzimmer SITZ auf ein Sichtzeichen zu zeigen und wird dafür belohnt. Er hat aber nicht nur das Sichtzeichen mit der Handlung verknüpft, sondern auch ganz viele weitere Aspekte, etwa den Ort, die Person, die ihm die Übung abverlangt, die Raumtemperatur, die Lichtverhältnisse, den Untergrund etc. mit abgespeichert. Damit er auf längere Sicht in der Lage ist, die Aufgabe SITZ überall auszuführen, wo sie von ihm verlangt wird, muss sie generalisiert werden. Das heißt, ihm muss vermittelt werden, dass es bei dem Sichtzeichen tatsächlich nur um die Handlung geht und die anderen Aspekte keine Rolle spielen.

Um dies schnell zu schaffen, ist eine Art Schlachtplan hilfreich. Denn je eindeutiger Sie eine Übung gestalten, desto leichter kann der Hund sie generalisieren. Auch hierzu **ein Beispiel**: Entscheiden Sie sich, wie Sie eine Aufgabe definieren und welche Signale Sie benutzen wollen. Natürlich kann ein Hund lernen, auf die Kommandos SITZ, SETZ DICH, SITZEN immer Sitz zu machen. Das dauert jedoch länger, als wenn man sich auf ein einzelnes Signalwort beschränkt, denn alle Varianten der Aufgabe „Sitz" kann der Hund dann mit derselben Handlung und der folgenden Konsequenz verknüpfen.

Aber nicht nur das Kommando spielt eine Rolle, sondern auch die **Handlung selbst** beziehungsweise die **Art ihrer Ausführung**. Wenn man einmal ein SITZ belohnt, bei dem der Hund mit einer Vorderpfote noch pfötelt, und beim nächsten Mal, während er sitzend am Boden schnüffelt, wird es lange dauern, bis er generalisiert hat, was SITZ bedeutet – denn für ihn sind die geschilderten ganz verschiedene Handlungen. Wie ein SITZ genau aussieht, sollte also ebenfalls vor Beginn des Trainings definiert werden.

Tipp

Um die Generalisierung zu erleichtern, sollten Sie sich vorher genau überlegen, was das Endziel einer Übung ist. Welch eine Handlung soll der Hund im Detail zeigen und welches Signal soll er damit verknüpfen?

Aufbau des Generalisierungstrainings

Für einen Hund liegen mitunter Welten zwischen der Ausführung einer Übung in **unterschiedlichen Kontexten** – sagen wir auf dem Trainingsplatz und in einer belebten Einkaufsstraße. Umweltablenkungen spielen hierbei eine große Rolle. Da es aber vor allem in schwierigen Situationen wichtig ist, sich auf die Leistung des Vierbeiners verlassen zu können, ist das Generalisierungstraining eine notwendige **Bedingung für guten Gehorsam**.

„Verkaufen" Sie Ihrem Hund diese Übungen auf jedem Spaziergang als Trainingsspaß!

Dabei springt nicht nur für Sie ein immer besserer Gehorsam Ihres vierbeinigen Partners heraus, sondern auch ein Bonus für ihn. Denn von Übungsdurchgang zu Übungsdurchgang wird ihm **der wahre Inhalt der Übung** immer klarer. Er findet den kleinsten gemeinsamen Nenner in Bezug auf das jeweilige Kommando: seine richtige Handlung – und damit sein Erfolg. Zugleich bedeutet diese Form des gemeinsamen Trainings für ihn eine Alternative zur Langeweile, denn hier ist Kopfarbeit nicht nur erlaubt, sondern sogar erwünscht!

Aufbau: Verlangen Sie eine Übung, die Ihr Hund bereits kennt, und verändern Sie ein Detail der Gesamtsituation (zum Beispiel den Untergrund). Belohnen Sie ihn, wenn er sich anstrengt und mitdenkt und die Aufgabe ausführt, selbst wenn sie in diesem Durchgang wegen der neuen Situation nicht perfekt umgesetzt wurde.

Erst klettern und Balance halten, dann Pfötchen geben. Das ist anspruchsvoll.

Wiederholen Sie die Übung (ohne weitere Variationen), bis sie wieder perfekt, das heißt die Leistung stabil ist. Widmen Sie sich erst dann der nächsten Veränderung.

Achtung: Da zu hohe Trainingsanforderungen für den Hund eine Überforderung darstellen, die mit dem negativen Gefühl von Stress einhergeht, kommt es darauf an, bei der Generalisierung einer Übung zunächst nur Kleinigkeiten zu verändern. Auch beim Generalisieren bleibt es zudem das wichtigste Trainingsziel, dass er ohne den Umweg über „falsche" Handlungen möglichst in jeder Übung einen deutlichen eigenen Erfolg erreicht. Die Aufgaben dürfen darum – eine kleine Herausforderung an Sie – nicht zu einfach und nicht zu schwierig sein.

Konkret bedeutet das, in einer fremden Umgebung und bei jeder sonstigen Veränderung der Übungssituation, **das Trainingsziel** zunächst auf „Kindergartenniveau" **zurückzuschrauben**. Setzen Sie, falls nötig,

Hilfestellungen ein und arbeiten Sie sich mit Wiederholungen gemeinsam schrittweise an die Leistung heran, die Ihr Hund in vertrauter und ruhiger Atmosphäre schon beherrscht.

Setzen Sie qualitativ gestaffelte Belohnungen ein, um Ihren Trainingspartner jeweils **dem Leistungsanspruch entsprechend** motivieren beziehungsweise „bezahlen" zu können. Wenn Sie parallel an der Generalisierung mehrerer Übungen arbeiten, kann es sinnvoll sein, sich stichpunktartige Notizen zu machen, um nicht den Überblick zu verlieren.

Immer schön langsam!
Mit dem Generalisieren einer Übung sollte erst begonnen werden, wenn der Hund die entsprechende Übung in einer gleichbleibenden Situation mindestens acht von zehn Mal fehlerfrei zeigen kann. Vorher hat er den Inhalt offensichtlich noch nicht ausreichend verstanden. Zögern Sie nicht, im Zweifelsfall einen Lernschritt zurückzugehen.

Generalisierung: das Alltagsprogramm

Über Generalisierungsmaßnahmen kann eine Übung bis in alle Ewigkeit spannend gehalten werden, denn wenn man möchte, können immer neue und weitere Details einbezogen werden. Für den Alltag gibt es aber einige Aspekte, die so etwas wie ein Standardprogramm darstellen, weil der Hund höchstwahrscheinlich früher oder später damit konfrontiert wird. Hierzu zählen folgende Bedingungen:

- verschiedene Körperhaltungen des Menschen: stehend, hockend, sitzend, liegend, bizarre Körperhaltungen, Drohhaltungen, mit Blickkontakt zum Hund, ohne Blickkontakt zum Hund, Bewegungen mit den Armen oder Beinen, klatschen, hüpfen, reden etc.
- Aussehen und Erscheinung des Menschen: Kleidung, Brillen, Sonnenbrillen, Perücken, Tuch-Turban, Motorradhelme, Fahrradhelme, Uniformen, flatternde Mäntel, Gehstöcke, auf einem Fahrrad sitzend oder Ähnliches
- Raumposition des Menschen: frontal zum Hund, links oder rechts neben dem Hund, über dem Hund (aus einer anderen Etage, etwa vom Balkon aus, wenn der Hund im Garten ist), unterhalb des Hundes aus einer liegenden Position, nah beim Hund, weit weg, dem Hund zu- oder auch abgewandt
- Trainingsorte:
  Zu Hause: Wohnzimmer, Schlafzimmer, Bad, Küche, Diele, Arbeitszimmer, Garten, Balkon, Hof, Treppenhaus, Keller (an diesen Orten gibt es natürlich noch weitere unterschiedliche Umgebungsmuster, etwa durch die Anwesenheit von anderen Personen, Tieren oder durch Haushaltsgeräusche, Lichtverhältnisse, Bodenbeläge ...)
  Draußen: im Park, auf einem Feld, im Wald, auf einer Wiese, am Strand, auf der Straße, an oder auf Gegenständen, im oder am Wasser, im allgemeinen Stadttrubel (etwa auf belebten Einkaufstraßen), in einem Aufzug, auf einer Treppe, in öffentlichen Verkehrsmitteln, am

Bahnhof, am Flughafen, an oder auf einem Boot, in der Nähe von Kinderspiel- oder Sportplätzen (hier gibt es weitere Variablen, etwa die Bodenbeschaffenheit, Geräusche oder Gerüche, die unten aufgeführt sind)

- Bodenbeschaffenheit allgemein: glatte Böden (Kacheln, Glas, PVC, Parkett, Dielen, Plastikplanen), griffige Untergründe (Teppich, andere Textilien), Steinböden, unbehandeltes Holz, Gitter, Steinbrocken, Holzstapel, Reisig, flaches Wasser, Asphalt, Steinplatten, Kopfsteinpflaster, Sand, Kies, lose Erde, Laub, Gras etc.
- Geräusche aus der Umgebung (auch hier kann wieder in Geräusche drinnen oder draußen unterteilt werden): ein laufender Fernseher, Radiosendungen, Musik, Kaffeemaschine, Waschmaschine, Fön, Badlüftung, Tellerklappern, Rascheln von Tüten oder Verkehrslärm, Sirenen, Hundegebell, Kirchenglocken, Laute anderer Tiere ...
- Gerüche aus der Umgebung: andere Tierarten (Jagdablenkung), Artgenossen, Essen, Menschen, Autos und vieles mehr
- andere anwesende oder gar ablenkende Personen: Familienmitglieder, Freunde und Bekannte, die dem Hund vertraut sind, unbekannte Passanten (jeweils ist auch die Nähe zum Hund relevant), Menschengruppen (mit dem Hund bekannten oder unbekannten Sparringspartnern), Engesituationen, wie sie z. B. in einem Fahrstuhl vorherrschen
- anwesende Artgenossen: Hundefreunde, unbekannte Hunde, der „Erzfeind", Hunde, die sich neutral verhalten, Hunde, die rennen, Hunde, die bellen etc. Auch hier ist jeweils die Nähe des Hundes zu den Artgenossen relevant. **Achtung:** Verlangen Sie keine Kommandos von Ihrem Vierbeiner, wenn die Sachlage mit Blick auf anwesende Artgenossen ihm etwas anderes vorgibt. Räumen Sie ihm dann vielmehr die Chance ein, die Situation zu meistern, ohne sein Gesicht zu verlieren. Führen Sie ihn vorausschauend und schützend, indem Sie ihm, wenn er bedroht wird oder Angst hat, die Möglichkeit geben, mehr Abstand zu den Artgenossen zu halten, denn sonst sind negative Verknüpfungen vorprogrammiert.
- Auch die Signalart (Sichtzeichen, Hörzeichen in Form eines Tonsignals oder in Form eines Sprachsignals etc.) und die Art geführt zu werden (angeleint oder ohne Leine) spielen eine Rolle.
- Weitere Umweltablenkungen können ebenfalls in das Generalisierungstraining einbezogen werden – seien es Dinge, die uns alltäglich und „normal" erscheinen wie Umweltbedingungen (Dunkelheit, Wetter), sei es Ungewohntes wie das Auftauchen eines Heißluftballons oder eines Drachens am Himmel.

Spaß mit Generalisierungsfaktor

Sind Sie sicher, dass Ihr Hund die Grundgehorsamskommandos auch dann beherrscht, wenn Sie ihm den Rücken zuwenden? **Probieren Sie** es aus!

Derartige Übungen sind auch in **einer Gruppe** von mehreren Hundehaltern lustig. In diesem Fall können Sie einen der Anwesenden bitten, Ihnen ein Zeichen zu geben, (oder zu clicken), wenn Ihr Hund Ihrem Signal Folge leistet. Dann können Sie Ihren Vierbeiner – wahrscheinlich zu seiner Verblüffung – punktgenau belohnen.

Sollten Sie diese Übung allein praktizieren, ist ein Spiegel hilfreich (in Innenstädten gibt es spiegelnde Glasflächen zuhauf!). Damit Sie den **Erfolg überprüfen** können, sollten Sie Ihren Hund dabei genau im Blickfeld haben. Verlangen Sie nun eine Übung, von der Sie glauben, dass er sie umgehend ausführen wird, und beobachten ihn wirklich nur im Spiegel und nicht aus den Augenwinkeln! Belohnen Sie ihn üppig, wenn er gut reagiert.

Tatsächlich fällt es vielen Hunden schwer, auf Kommandos zu reagieren, wenn man sie nicht ansieht. Sie fühlen sich gar nicht angesprochen. Sollten Sie feststellen, dass Ihr Vierbeiner zu diesen Kandidaten zählt, hilft es, ihn vor der Übung mit seinem Namen anzusprechen.

Ortsbezogene Trainingsvielfalt

Die Umsetzung der Trainingsansätze und konkreten Übungen, die Sie bisher kennengelernt haben, ist an vielen unterschiedlichen Örtlichkeiten möglich. Im Folgenden finden Sie nun eine ortsbezogene Übersicht, mit deren Hilfe Sie schnell und einfach einen Abenteuerspaziergang zusammenstellen können, der zu Ihrem jeweiligen Umfeld passt, sowie Ideen, wie Sie Umwelt und örtliche Gegebenheiten für ein abwechslungsreiches Training nutzen können.

Abenteuerorte: Wer die Wahl hat ...

Wiesen: Wiesenflächen sind unter den möglichen Zielen für einen Abenteuerspaziergang der absolute Klassiker: Auf einer großen Wiese toben zu dürfen, macht den meisten Hunden großen Spaß. Überall gibt es etwas zu schnüffeln und für Rennspiele mit Artgenossen sind sie ideal. Auch für gemeinsame Übungen sind Wiesen meist hervorragend geeignet. Sie sollten jedoch Lage und Pflegezustand im Auge haben: Je naturbelassener die Wiese ist, desto wahrscheinlicher sind etwaige Jagdablenkungen.

Felder: Für Spiele und Übungen sind Felder ein tolles Terrain. Je nach Lage und Jahreszeit sind unterschiedlich starke Ablenkungen zu erwarten. Das ist vor allem bei Ausflügen mit jagdambitionierten Hunden zu bedenken. Felder beziehungsweise die Feldwege dazwischen eignen sich häufig gut als Strecke für sportliche Aktivitäten (Joggen, Radfahren, eventuell auch Reiten etc.).

Für Kopf und Körper
Wer nur auf das Rennen zur körperlichen Betätigung setzt, wird schnell merken, dass sein Hund direkt nach dem Ausflug nach weiteren Aktivitäten fragt. Lasten Sie daher stets gleichmäßig Kopf und Körper aus, denn erst dann ist Ihr Hund auch wirklich ausgepowert!

Hier kann man Spaß haben! Für die meisten Hunde ist ein Strandausflug ein tolles Abenteuer.

Wald: Nach wie vor das Lieblingsausflugsziel vieler Hunde (und deren Halter) ist der Wald. Neben der angenehmen Ruhe und guten Luft, an der sich vorrangig der Mensch erfreut, bieten sich hier viele verschiedene Beschäftigungsmöglichkeiten für den Hund von Rückruf- oder Versteckspielen (siehe Seite 22 ff.), über Suchaufgaben (Seite 67 ff.), bis zu Geschicklichkeits- oder speziellen Generalisierungsübungen oder sportlichen Aktivitäten. Zu berücksichtigen sind allerdings auch hier das hohe Ablenkungsniveau zumindest für alle jagdambitionierten Hunde und Vorschriften wie zum Beispiel eine eventuelle, in einigen Bundesländern auch jahreszeitlich geltende Anleinpflicht.

Heide: In der Heide findet sich meist ein hohes Maß an jagdlicher Verleitung. Ansonsten sind Heideflächen sehr abwechslungsreich strukturiert und zweckdienlich für alle sportlichen Aktivitäten, entspannendes Wandern, Spiele und Übungen mit dem Hund.

Berge: Berge sind ein tolles Ziel für gemeinsame Sportaktivitäten. Hund und Halter sollten sich dafür in guter körperlicher Verfassung befinden. Selbstverständlich sind auch Gehorsams- und/oder Generalisierungsaufgaben möglich. Ein gutes Terrain sind Berge für Geschicklichkeitsübungen und Körperschulung (beispielsweise Training verschiedener Untergründe). Das Maß an Umweltablenkungen ist unterschiedlich groß, und auf Jagdablenkungen sollte auch hier geachtet werden.

Strand: Für die allermeisten Hunde ist ein Ausflug an den Strand auch ohne zusätzlichen Übungsinput schon ein tolles Abenteuer. Von vielerlei Übungen über Sportaktivitäten bis hin zu Hundekontakten ist hier (fast) alles möglich. Auf saisonale und regionale Freilaufbeschränkungen sowie Jagdablenkungen ist zu achten.

Wasser: Gewässer sind das Lieblingsziel aller „Seehunde". Schwimmen ist aber nur eine Beschäftigungsoption. Auch für eher wasserscheue Vierbeiner ist dieses Ausflugsziel attraktiv, denn die meisten Übungen oder Spiele können ebenso gut am Ufer praktiziert werden. Wasser gibt es in fast jeder Region, seien es Flüsse, kleine Bachläufe, Seen, kleine und größere Teiche oder das Meer. Achten Sie auf mögliche Gefahrenquellen (Strömungen, Wassertiefe) und rechtliche Beschränkungen.

Stadt: Eine städtische Umgebung ist als Trainingsspielfeld nicht zu unterschätzen! Besonders für Generalisierungsübungen hinsichtlich Umweltablenkungen und verschiedener Untergründe (Asphalt, glatte Böden ...) bietet sie sich an. Der Schwierigkeitsgrad kann für manche Hunde beträchtlich sein, achten Sie daher auf Warnsignale wie Konzentrationsmangel oder ängstliches Ausdrucksverhalten, um Überforderung zu vermeiden. Grundsätzlich bietet das Stadtleben aber eine große Anzahl interessanter Herausforderungen, die in den Abenteuerplan mit aufgenommen werden können.

Ideen zum umweltbezogenen Training

Wald: Eine Stelle mit vielen Bäumen bietet sich besonders für Versteckübungen an. Vor allem, wenn man mit mehreren Personen unterwegs ist (beispielsweise einen Familienausflug unternimmt), macht das großen Spaß.

Eine einfache **Versteckübung** für einen Trainingsanfänger sieht so aus: Ein Mitglied der Gruppe hält den Hund fest (die Leine sollte allerdings bereits losgemacht sein), ein anderes reizt den Hund mit einer tollen Belohnung an, rennt damit weg und versteckt sich hinter einem Baum. Dann wird der Vierbeiner von dort aus gerufen und umgehend von der anderen Person freigelassen. Sobald er den „Verschwundenen" gefunden hat, bekommt er von ihm die vorher in Aussicht gestellte Belohnung.

Varianten könnten je nach Trainingsstand folgendermaßen aussehen: Der Hund wird von der ersten Person nicht festgehalten, sondern über ein schon zuverlässig trainiertes Kommando wie SITZ oder PLATZ bei sich gehalten. Die Person, die sich versteckt, reizt den Hund eventuell auch nicht mehr an. Er kann, statt von der verschwundenen Person gerufen zu werden, auch von der Person, die ihn am Ort kontrolliert, auf die Suche geschickt werden. **Weitere Variationen** sind auch beim Ende der Suche möglich, etwa indem der Hund eine spezielle Endposition (zum Beispiel SITZ) bei der rufenden Person einnehmen soll.

Achtung: Im Übungsaufbau für das Schicken sollte die zu suchende Person den Hund wie in der Grundübung

Für Positionswechsel bieten sich überall Möglichkeiten zur Generalisierung.

beim Rufen zunächst stark anreizen. In den ersten Durchgängen sollte sie sich danach nicht zu weit entfernen und auch kein zu schwieriges Versteck aussuchen. Die Person, die den Hund festhält beziehungsweise kontrolliert, gibt ihm nur einmal ein kurzes Kommando und sonst keine weiteren Hilfestellungen. Wenn der Hund seine gesuchte Person aufgespürt hat, bekommt er umgehend von ihr eine tolle Belohnung!

Sollte das noch nicht gelingen, gilt es, den Hund noch etwas mehr zu motivieren und/oder die Übung noch etwas einfacher zu gestalten. Wichtig ist, dass der Hund **keine Scheu** vor der zu suchenden Person hat.

Tipp

Für Versteckübungen braucht es nicht zwangläufig mehrere Personen, sie lassen sich auch allein mit dem Hund umsetzen. Ein Weg wäre, den Hund die BLEIB-Übung machen zu lassen, sich zu verstecken und ihn dann zu rufen. Dies empfiehlt sich allerdings nur bei Hunden, die das BLEIB absolut sicher beherrschen. Eine andere Möglichkeit ist das bereits schon aus der Rückrufübung bekannte Versteckspiel in einem Moment der Unaufmerksamkeit.
In beiden Fällen bekommt der Hund, wenn er schließlich bei seiner Person ankommt, eine wertvolle Belohnung.

Liegende Baumstämme bieten eine tolle Möglichkeit für eine Vielzahl verschiedener Übungen. Lassen Sie den Hund der Länge nach über einen Baumstamm balancieren, über einen Baumstammstapel klettern oder von einem Baumstamm zum nächsten springen (Achtung: vorher die feste Lage der Stämme sicherstellen!).

Selbstverständlich kann das Training körperlicher Geschicklichkeit auch mit anderen Übungsansätzen kombiniert werden: Verlangen Sie auf dem Baumstamm von Ihrem Hund SITZ und PLATZ (wenn er dies beherrscht auch STEH). Oder lassen Sie ihn eine BLEIB-Übung machen. Nutzen Sie außerdem seine durch die Höhe des Baumstammes **veränderte Raumwahrnehmung**, um bekannte Aufgaben weiter zu generalisieren. Verändern Sie eventuell auch Ihre eigene Körperhaltung und Position, um dem Vierbeiner noch mehr Abwechslung zu bieten und seine Leistung weiter zu schulen.

Hohes Gras ist ein tolles Versteck für anspruchsvolle Apport-Spiele.

Unterholz und Büsche: Ermuntern Sie Ihren Hund, unter niedrigen Ästen hindurchzukriechen. Erschweren Sie

Gefunden! Aber die Übung ist erst mit dem AUS-Geben beendet.

die Aufgabe, indem Sie ihn VORAUS unter einem tief hängenden Ast hindurch oder in eine Lücke in einem Gebüsch schicken. Fordern Sie ihn mit Rückrufspielen an großen Büschen oder dichtem Unterholz heraus. Lassen Sie ihn hierbei seinen Weg (mitten durch oder außen herum) selbstständig finden.

Für apportfreudige Hunde bieten sich komplizierte **Versteckübungen** im Unterholz an. Vor allem Gegenstände (Spielzeug, aber auch andere Suchobjekte wie ein Schlüsselbund oder ein Paket Taschentücher), die im Geäst hängen, sind eine Aufgabe für Profis. Für alle Hunde, die (noch) nicht so begeistert apportieren, kann einfach Futter versteckt werden, das sie auf ein spezielles Signal hin suchen und dann als Belohnung erhalten.

Bachläufe: Wenn Sie auf Ihrem Spaziergang an einem Bachlauf oder etwas Ähnlichem entlangkommen, haben Sie leichtes Spiel mit der Umsetzung von Geschicklichkeitsübungen. Allein das Laufen auf den unterschiedlichen Untergründen rund um Gewässer (feste Wege, Wiese, Kies oder Sand, das Wasser selbst), dient der Schulung des Körpergefühls. Aber auch Positionswechsel im flachen Wasser können von Hunden verlangt werden, wenn diese sich nicht gerade vor diesem Element scheuen.

Lassen Sie Ihren Vierbeiner je nach Größe und örtlicher Gegebenheit von einem Ufer zum anderen springen oder über einen quer liegenden Baumstamm auf die andere Seite balancieren. Wenn das Gewässer flach ist, aber eine spürbare Strömung hat, ist das Laufen im Wasser für den Hund eine **gesunde Kneippkur**, bei der die Durchblutung angeregt und auf diese Art und Weise der Kreislauf in Schwung gebracht wird.

Parkbänke eignen sich je nach Material und Modell für ganz unterschiedliche Übungen. Die einfachsten: den Hund auf die Parkbank – wenn sie eine geschlossene Fläche bietet – aufspringen oder unter ihr hindurchkriechen zu lassen. Bringen Sie ihn dann dazu, sich auf der Parkbank stehend einmal um 180 Grad zu drehen. Je nach Größe des Vierbeiners erfordert dies einiges an Geschick. Auch Positionswechsel sind auf manchen Bänken schwierig, vor allem, wenn die Sitzfläche aus einzelnen Holzlatten besteht.

Parkbänke kommen außerdem als Objekte für das Umrunden (siehe Seite 80) in Frage. Stellen Sie für den fortgeschrittenen Hund eine **Handlungsfolge** aus dieser und anderen Übungen zusammen: beispielsweise aus der PLATZ-Position heraus starten, unter der Bank hindurchkriechen, sie

Ein See ist ein beliebtes Ausflugsziel im Sommer.

Ein Abenteurer wartet auf neue Aufträge.

dann in eine Richtung umrunden, draufspringen und die Kür schließlich mit SITZ abschließen.

Nutzen Sie Bänke (oder andere brauchbare Objekte) auch, um sich punktgenaue Ziele zu setzen. Nehmen wir das Stoppen des Rückrufs (siehe Seite 30). Ziel könnte sein, Ihren Hund genau auf der Höhe der Bank zu stoppen. Diese selbst spielt in der Übung keine Rolle, sie dient nur als **Markierungspunkt**. Bedenken Sie, es geht hier nicht um eine Ortsverknüpfung! Je unauffälliger Sie das Objekt „benutzen", umso anspruchsvoller ist die Aufgabe für den Hund.

Mülltonnen, Mülleimer: Feinarbeit mit der Schnauze können Hunde geeigneter Größe hier leisten. Lassen Sie Ihren Hund einen Gegenstand (gegebenenfalls auch herumliegende Müllteile wie leere Plastikflaschen oder Ähnliches) mit dem Fang aufnehmen und dann eigenständig in den Mülleimer werfen. Damit das klappt, muss er sehr zielgerichtet vorgehen.

Der Arbeiteinsatz als „Müllhund" macht sichtbaren Spaß.

Tipp
Wenn Ihrem Hund das „Sammeln" Spaß bereitet, kann die Übung dahingehend abgewandelt werden, dass er, falls er die entsprechende Körpergröße aufweist, an höher hängenden Mülltonnen mit den Vorderpfoten aufgestützt steht und den Müll einwirft. Auf diese Weise wird gleichzeitig seine Balance geschult.

In der ersten Lernphase können sie ihm ruhig Hilfestellung geben, indem Sie Ihre Hände so halten, dass sich seine Schnauze, würde er Ihnen den Gegenstand in die Hand abgeben, genau über der Öffnung befindet. Weitere Beschäftigungsmöglichkeiten bestehen im Bereich Führigkeit auf Distanz (siehe Seite 94): Schicken Sie Ihren Hund aus einer gewissen Entfernung zu einer Mülltonne oder lassen Sie ihn diese umrunden.

Sand: Die meisten Hunde lieben es, im Sand zu buddeln und zu toben, sodass man ihnen mit einem Ausflug an einen Strand eine echte Freude machen kann. Das Laufen im Sand ist eine einfache und zugleich angenehme Möglichkeit, das Körpergefühl quasi nebenbei zu verbessern.

Für alle, die keinen Strand in der Nähe haben, sind auch kleinere Sandstellen (sogar ein Sandkasten im Garten) eine brauchbare Alternative. Lassen Sie Ihren Hund – je nach örtlichen

Gegebenheiten oder Vorlieben – im Sand einfach nur rennen, setzen Sie dort Gehorsamsübungen zur Generalisierung um oder **verstecken Sie Gegenstände** im Sand. Anfangs darf er hierbei ruhig zusehen, denn Suchen im Sand ist eine schwierige Angelegenheit. Später können Sie die Suchübungen dann anspruchsvoller gestalten.

Der Stadtparcours: Trainingsspäße oder Geschicklichkeitsübungen müssen nicht zwangsläufig im Grünen stattfinden. In der Stadt lassen sich viele Orte und Objekte für lustige und lehrreiche Übungen finden.

Wie wär's im Sommer beispielsweise mit einem **Brunnen**? Genießen Sie gemeinsam mit Ihrem Hund die angenehme Erfrischung! Lassen Sie ihn, falls das möglich ist und Sie damit niemanden stören, auf Ihr Kommando hin hineinspringen. Verlangen Sie im kühlen Nass gegebenenfalls Selbstkontrolle- und Gehorsamsübungen oder machen Sie Such- und Apportspiele.

Kommen Sie bei Ihren täglichen Runden an **kleinen Hürden** oder **niedrigen Mauern** vorbei? Animieren Sie Ihren Hund, neben Ihnen auf solch einem Gartenmäuerchen zu laufen. Lassen Sie ihn an Absperrungen Slalom durch die Stangen gehen und testen Sie, ob er über Gitterroste oder gar eine Gittertreppe läuft. Üben Sie auch auf anderen **schwierigen Untergründen**, etwa leicht schwingenden Brücken, Metallplatten, glatten Steinböden oder reflektierenden Flächen, wie sie in manchen Kaufhäusern zu finden sind. Kombinieren Sie das Laufen auf diesen Flächen, wenn es gut klappt, auch mit Positionswechseln.

Wasser und Sand: Der Spaß steht diesem Hund ins Gesicht geschrieben.

Achtung: Ziel aller Übungen im belebten öffentlichen Umfeld ist es, dass der Hund nach und nach lernt, den vielen unterschiedlichen Ablenkungen, denen er ausgesetzt ist, standzuhalten. Beim Stadttraining ist es ganz entscheidend, dass es ihm auch wirklich Spaß macht. Sonst ist er schnell überfordert und gestresst.

Nutzen Sie die schier unerschöpflichen Möglichkeiten an Ablenkungen und Verleitungen, aber setzen Sie sich zunächst nur ein **niedriges Leistungsziel**. So reicht es für den Start, nur einige Konzentrationsübungen in einer vergleichsweise ablenkungsarmen städtischen Umgebung umzusetzen, denn das ist für manch einen Hund schon viel verlangt!

Bleiben Sie geduldig und streben Sie ohne Eile höheren Zielen entgegen. Bedenken Sie, wie anstrengend eine längerfristige Konzentration für den Hund ist; unter einem hohen Ablenkungsgrad wird dies noch schwieriger. Halten Sie daher anfangs die Übungen auch zeitlich kurz und setzen Sie für gute Leistung besonders attraktive Belohnungen ein. Vermitteln Sie Ihrem Vierbeiner in kleinen Schritten, was Sie von ihm erwarten und wie er sich zur Zufriedenheit aller benehmen kann und soll!

Abenteuerkarten als Ideenpool

Sicher kennen Sie das Gefühl, dass Sie auf dem Spaziergang mit dem Hund plötzlich Lust auf ein wenig **Abwechslung** haben – aber genau in diesem Moment fällt Ihnen nichts Passendes ein. Abenteuerkarten lösen dieses Problem!

Überlegen Sie sich vor dem Start kurz, welche Übungen oder Späße Sie heute mit Ihrem Hund unternehmen möchten. Notieren Sie Ihre Ziele auf Abenteuerkarten und sammeln Sie

Profi-Tipp

Wenn nicht allein sein Ausdrucksverhalten schon eine deutliche Sprache spricht, gibt es für das Maß an Stress, den ein Hund gerade erlebt, einen simplen Indikator: Testen Sie sein Fressverhalten in der betreffenden Situation ist. Nimmt er ein ihm angebotenes Leckerchen freudig und entspannt, wie Sie es von ihm kennen? Oder ist er hektisch und gierig, vielleicht sogar unhöflich-ruppig mit seinen Zähnen? Das wäre ein Zeichen für einen zu hohen Stresslevel. In diesem Fall sollte schon einen Gang zurückgeschraubt werden. Wenn er ein leckeres Futterstückchen rundweg verweigert, ist die Situation bereits eskaliert. Stresserleben blockiert die Freude am Fressen beziehungsweise die Fähigkeit der Futteraufnahme. Wenn Sie bei Ihrem Vierbeiner also eine der beiden letztgenannten Verhaltensweisen im Training beobachten, zum Beispiel bei starker Ablenkung in der Stadt, sollten Sie die Anforderungen drastisch senken. Ein dauerhafter Lernerfolg stellt sich unter ungünstigen Trainingsbedingungen nämlich deutlich langsamer ein – unter Umständen sogar gar nicht.

Ein Picknick am Strand ist eine tolle Sache!

diese in einem **Karteikasten**. In einer ruhigen Minute können Sie auch weitere Karten mit Trainingsideen, die Sie zukünftig in Angriff nehmen möchten, vorbereiten. An Tagen, an denen Sie keine Zeit für oder Lust auf lange Grübeleien haben, greifen Sie einfach in Ihren Karteikasten und den dort angelegten Ideenpool. Je größer Ihr Kartenstapel ist, desto abwechslungsreicher können Sie die Spaziergänge mit Ihrem Hund gestalten!

Abenteuerkarten können Sie sich, aus zurechtgeschnittenem Karton und mit bunten Stiften beschriftet, leicht selbst basteln. Vermerkt werden sollten zum Beispiel:

- Datum
- Spazierstrecke
- Allgemeine Schwerpunkte angeleint
- Allgemeine Schwerpunkte im Freilauf
- Übungsinhalte

Tipp
Gewinnen Sie auch Ihre „Hundefreunde“ für die Idee mit den Abenteuerkarten und tauschen Sie sich aus. „Fremde“ Karten abzuarbeiten, ist eine tolle Herausforderung!

Mit einem gut erzogenen Hund sind solche Situationen ein wahres Kinderspiel.

Weitere Tipps für Ihre Unternehmungen

Gut geplant ist halb gewonnen. Bedenken Sie bei Ihren Unternehmungen das Wetter, Ihre Ausrüstung und Ihre Trainingsziele, um optimal vorbereitet zu sein. Entsprechende Hinweise und weitere Tipps finden Sie hier.

Gemeinsame Tagesausflüge

Hunde lieben es, wenn das ganze Team gemeinsam unterwegs ist – in Mehrpersonenhaushalten würden sie, wenn es nach ihnen ginge, immer **mit der ganzen Familie** losziehen. Wohin soll es also gehen?

Planen Sie Ihren Familienausflug oder ein Treffen mit Freunden so, dass Sie es mit dem Hundespaziergang kombinieren können. Alle sollen bei dieser Art von Tagesaktivität **auf ihre Kosten kommen**. Um das Ganze geselliger zu gestalten, bietet es sich an, mindestens eine „Snackstation" einzuplanen. Soll gegrillt werden? Gibt es ein Picknick? Oder liegt auf dem Weg eine Eisdiele, ein Café oder ein Biergarten, in den man im Sommer einkehren, oder eine Bude, in der man sich im Winter aufwärmen kann? All dies bietet Ihrem Hund **immer wieder neue Erfahrungen**.

Weisen Sie Ihren Hund im Restaurant an, unter oder neben Ihrem Tisch zu liegen. Halten Sie ein Auge auf ihn, damit er nicht an fremden Menschen schnüffelt, sie anspringt oder durch Betteln belästigt. Belohnen Sie **entspanntes Verhalten**, insbesondere bei Erschwernissen wie einem Artgenossen in der Nähe oder einem sich nähernden Kellner.

Schalten Sie einen Gang zurück, wenn Sie merken, dass Ihr Hund Probleme mit dem Ablenkungsgrad hat. Üben Sie das **Ruheverhalten in der Öffentlichkeit** dann schrittweise und in gestellten Trainingssituationen. Nehmen Sie sich dabei stets nur ein Detail vor, an dem Sie feilen. Einmal ist es vielleicht die Annäherung eines Menschen, dann die Menge von Menschen, das nächste Mal sind es verleitende Gerüche etc. Halten Sie die einzelnen Übungen zeitlich kurz. Fügen Sie später mehrere Details zusammen, bis Ihr Hund mental wirklich für einen kompletten Ausflug gewappnet ist.

Tagesausflüge können prima auch mit sportlichen Aktivitäten **kombiniert** werden (siehe Seite 82). Und während des Ausflugs selbst gibt es unendlich viele Beschäftigungsmöglichkeiten ...

Unterwegs bei jedem Wetter

Sicher haben auch Sie – wie die meisten Menschen (und übrigens auch viele Hunde) – ganz spezielle Vorstellungen vom idealen Wetter. Leider sieht die Wirklichkeit draußen oft anders aus ... Nehmen Sie es von der leichten Seite! Auch wenn Sie auf die Witterung keinen Einfluss haben, können Sie doch bestens auf alles vorbereitet sein. Gute und **zweckmäßige Kleidung** ist für Hundehalter ein **Muss**, um sich selbst jeden Tag auf dem Spaziergang wohlzufühlen.

Dass manch ein Mensch wenig Freude auf einem Spaziergang bei kaltem Regenwetter empfindet, erstaunt wenig. Aber **auch Hunde können Wettermuffel sein**! Nehmen Sie ihre (gemeinsamen) individuellen Vorlieben jedoch nicht als Ausrede, sondern stellen Sie sich der Herausforderung, Ihrem Hund gerade die ungeliebten Wetterlagen durch eine intensiv verbrachte, gemeinsame Zeit als etwas Angenehmes darzustellen. Steuern Sie an solchen Tagen Ziele an, mit denen er bereits etwas Positives verbindet. Nehmen Sie attraktive Leckerchen für unterwegs mit, um Übungen und Späße umsetzen und entsprechende Leistungen belohnen zu können.

Hunde sind nahezu grenzenlos **begeisterungsfähig**. Sie werden sehen, wie einfach es ist, Ihren vierbeinigen Freund auf ein gemeinsames Abenteuer einzustimmen! Rennen Sie vor – das stimuliert viele Hunde – und zaubern Sie plötzlich sein Lieblingsspielzeug hervor. Wählen Sie bei miesem Wetter Übungen, die Ihrem Hund **Freude machen** und nicht etwa körperliches Unbehagen hervorrufen. Von einem Hund, der schnell friert, sollte zum Beispiel nicht verlangt werden, bei drei Grad Außentemperatur auf

Gut ausgerüstet macht ein Ausflug am meisten Spaß!

Snacks und eine Abkühlung – was kann es Schöneres geben?

einem feuchten Untergrund PLATZ-BLEIB zu machen – die Aufgabe wird ihm so regelrecht verleidet.

Stressfaktor Hitze
Es müssen nicht unbedingt Regen und Sturm sein, die den Hunden das Leben schwer machen. Auch hohe Außentemperaturen können ein starker Stressfaktor sein! Nehmen Sie darum an Sonnentagen Rücksicht und passen Sie Ihre Unternehmungen den Bedingungen an. Bedenken Sie, dass Hunde fast ausschließlich über das Hecheln Ihre Körpertemperatur regulieren. Schnell werden sie dann durstig. Dies gilt besonders, wenn sie in Übungen Futter als Belohnung bekommen haben oder viel gerannt sind. Bieten Sie Ihrem Hund dann eine Abkühlung in Form von ausreichend (Trink-)Wasser oder sogar einem Badespaß!

Auf verschiedene Art können Sie zudem **das körperliche Wohlbefinden** Ihres vierbeinigen Freundes beeinflussen. Scheren Sie ihn, wenn sein Fell ihm eine Last ist.

Und was im Sommer für langhaarige Tiere und solche mit dichter Unterwolle zur Belastung wird, ist in umgekehrter Weise im Winter für viele Kurzhaarige und Vierbeiner ohne Unterwolle ein Problem: Sie frieren leicht bei Schnee und Eis oder wenn sie sich nicht anhaltend aktiv betätigen. In diesem Fall kann man durch passende Hundebekleidung **Abhilfe schaffen**. Solch eine Maßnahme bedeutet keineswegs eine Verweichlichung! Bedenken Sie, dass Frieren Folgeprobleme wie zum Beispiel Verspannungen und Rückenschmerzen nach sich ziehen kann. **Schützen Sie Ihren Hund**, wenn es erforderlich ist, damit es ihm jederzeit gut geht!

Service

Buchtipps

CALMBACHER, E., Agility. Ulmer, 2008

DEL AMO, C., Trainingskarten für Welpen. Ulmer, 2006

DEL AMO, C., Probleme mit dem Hund, 3. A. Ulmer, 2007

DEL AMO, C., Hundeschule Step by Step, 2. A. Ulmer, 2007

DEL AMO, C., Spaßschule für Hunde, 2. A. Ulmer, 2010

DEL AMO, C., Spielschule für Hunde, 5. A. Ulmer, 2010

DEL AMO, C., Dogdance, Ulmer, 2009

DEL AMO, C., Welpenschule, 3. A. Ulmer, 2010

FISHER, S., Das Anti-Stress-Programm für Hunde. Ulmer, 2009

HESEL, L., Apportierspiele. Ulmer, 2009

LAUKNER, A., Hunde pflegen. Ulmer, 2009

NICK, O., Das 4-Wochen-Erziehungsprogramm für Hunde. Ulmer, 2010

SCHMIDT-RÖGER, H., Das große Ulmer Hundebuch. Ulmer, 2008

SCHMIDT-RÖGER, H., Mein kleiner Hund. Ulmer, 2009

SUNDANCE, K., 101 Hundetricks. Ulmer 2009

SUNDANCE, K., 51 Tricks für junge Hunde. Ulmer 2010

Klicks im WWW

Webseiten der Autorin
www.lupologic.de
www.hundetraining-online.de
www.hundeschule-knochenarbeit-online.de

Die Seite rund ums richtige Aufwärmen vor dem Hundesport
www.hundum-fit.de

Tierregistrierung
www.tierregistrierung.de
www.tiernotruf.org
www.deutsches-haustierregister.de

Hundeerziehung
www.hundeschule.de

Gesundheit
www.tieraerzteverband.de
www.giftpflanzen.ch

Register

Bildquellen

Alle Fotos bis auf die folgenden stammen von Christine Steimer.
Iris Bach: S. 110
Dieter Kothe: S. 20, 35, 97

Bibliografische Information der Deutschen Bibliothek

Die Deutsche Nationalbibliothek verzeichnet diese Publikation in der Deutschen Nationalbibliografie; detaillierte bibliografische Daten sind im Internet über http://dnb.d-nb.de abrufbar.

Die in diesem Buch enthaltenen Empfehlungen und Angaben sind vom Autor mit größter Sorgfalt zusammengestellt und geprüft worden. Eine Garantie für die Richtigkeit der Angaben kann aber nicht gegeben werden. Autor und Verlag übernehmen keinerlei Haftung für Schäden und Unfälle.

Wollgrasweg 41, 70599 Stuttgart (Hohenheim)
E-Mail: info@ulmer.de
Internet: www.ulmer.de

Lektorat: Heike Wells, Antje Springorum
Umschlagentwurf: red.sign, Anette Vogt, Stuttgart
Titelfoto: Christine Steimer
Satz: juhu media, Susanne Dölz, Bad Vilbel
Druck und Bindung: Firmengruppe APPL, aprinta druck, Wemding
Printed in Germany

ISBN 978-3-8001-6717-3